米国の国内危機管理システム

NIMSの全容と解説

伊藤 潤 編著

戦略研究学会
出版プロジェクト

芙蓉書房出版

はじめに

伊藤　潤

2001年9月11日、米国で4機の民間旅客機がハイジャックされ、そのうち2機がニューヨークのワールド・トレード・センター（World Trade Center: WTC）のツイン・タワーに、1機が国防総省（Department of Defense: DOD）の本部ビルであるペンタゴンに突入した（もう1機はペンシルベニア州シャンクスヴィルに墜落、死者2,977人という大惨事となった）。当時、全米だけでなく、世界中に生放送された米国同時多発テロ事件の衝撃は、世界中の人々に安全保障上の脅威とトレンドが変化したことを認識させる歴史上の決定的「分岐点」であった。米ソ冷戦の終結後、米国の専門家や政策形成者の間では大量破壊兵器（Weapons of Mass Destruction: WMD）の拡散と並んで「テロリズム」が21世紀の主たる脅威になると懸念されていたが、それは思わぬ形で現実となった。

未曾有の大規模テロという事態に直面した米国は、この事件を契機に「対テロ戦争」の推進という形で安全保障政策を大幅に転換した。それは、外交や軍事といった対外的な政策にとどまらず、国境管理、移民管理、治安対策、危機管理など国内分野にまで及び、関連する制度・政策は国内テロ対策強化のために「国土安全保障（Homeland Security）」という新しい枠組みに統合されることになった。2003年には、この事業を統轄する新組織として国土安全保障省（Department of Homeland Security: DHS）が創設されている。

この米国政治史上、最大規模の改革のひとつとされる省庁再編の中には、連邦政府の国内危機管理・災害対策を所管する連邦緊急事態管理庁（Federal Emergency Management Agency: FEMA）も含まれていた。それ以降、ハリケーン、林野火災（wildfire）、洪水、竜巻、地震といった自然災害に対する連邦政府の支援機能や補助金は国土安全保障政策の一環として実施されることになったのである。このことは、国内災害対策が、発災時の被災地における救助や復旧の支援にとどまるものではなく、ハザードの種類を問わずあらゆる脅威・リスクに対してレジリエント（強靱）な体制を実現するという安全保障の観点から運営されることを意味していた。

このように、同時多発テロを契機として国土安全保障という新たな制度的枠組みが登場したわけであるが、そのことは「緊急事態管理（Emergency Management）」と総称される米国の危機管理・災害対策の仕組みにも大きな変容をもたらした。

米国の緊急事態管理は、あらゆるインシデントや災害に共通して必要となる機能面（準備・防護・軽減・対応・復旧）に着目して制度・政策を設計する“All-hazards Approach”というコンセプトを採用しており、各種ハザード対策の一元的な管理を可能にする包括的かつ体系的なシステムを形成している。なお、自然・技術・人為の各種ハザードの個別対策については「附則」のような形で事前準備しており、テロ攻撃による被害の対応・復旧も長年そのひとつとして取り扱われてきた。

このような包括的システムの形成を志向するようになった背景には、「連邦制」という国家制度に基づく国内の分権的な政府間関係がある。米国での国内危機管理・災害対策は「州」政府が管轄しており、その上で、対応・復旧等の活動の第一義的責務は「地方」政府が担っている。しかし、連邦以外の州・地方・部族・領土［※州（State）、地方（Local）、部族（Tribe）、領土（Territory）はその頭文字をとってSLTTと略称されることがある］の各政府が保有または利用できる資源には限りがある上、地理的特性や地域事情からニーズも異なるため、すべてのハザードに対して個別の詳細な制度や対策を用意することは現実的とはいえない。また、制度の複雑化は緊急時の調整や協力を妨げる要因にもなる。この課題を解消するために考案されたのがハザードの種類に依拠しないAll-hazards型の危機管理の仕組みであり、米国では「緊急事態管理」という名称で1970年代後半から全米の危機管理に携わる人々の間で広まっていった。その流れを受けて、当時全米単位で整備されていた危機管理制度である「民間防衛（Civil Defense: CD、戦時を想定した市民保護の仕組み）」と、ニーズが拡大していた自然・技術ハザードに対する各種対策を統合し、準備（Preparation）、防護（Protection）、対応（Response）、復旧（Recovery）、軽減（Mitigation）の機能ベースに基づく一元的システムへの転換が進んだ。そして、その過程において政府間の緊急事態管理に関する緩やかな水平的・垂直的ネットワークが整備されたのである。このAll-hazards Approachに基づくシステムが効果を発揮するようになったのは1990年代のことであり、その代表的事例としては1994年のノースリッジ（Northridge）地震での対応や、1995年のオクラホマシティ連邦政府ビル爆破事件（Oklahoma City bombing）でのテロ対応・復旧活動が知られている。

しかし、同時多発テロは、当時の緊急事態管理に関する体制が依然として不十分であることを露呈した。旅客機を利用したテロ攻撃という事態において、所管や専門性が異なる多様な組織や人々が円滑に情報共有を行い、それに基づいて調整・協力することの難しさが浮き彫りになった。現地では、消防・救急による救助活動や公共事業関係者による初期復旧作業が進められる一方で、連邦捜査局（Federal Bureau of Investigation: FBI ※司法省所属）や地元の捜査機関などによるテロの捜査・情報収集・調査活動が行われた。それらの動きが円滑に機能するように、地方・州・連邦の各政府の危機管理当局が資源管理、情報共有、調整活動、支援手続きなどを行わなければならなかったが、組織横断的に対応・復旧活動を管理するための制度や仕組みが十分に整備されていなかった。

そこで、同時多発テロ後、テロ対策はもちろん、今後人為・自然・技術的ハザードによって引き起こされるあらゆるインシデント（incident ※事態、事件、事案）や災害時に、その対応・復旧活動に従事するすべての組織や人々が依拠する共通のコンセプトやアプローチを開発することになった。この考えは、2002年に制定された国土安全保障法（Homeland Security Act of 2002: HSA）、その後の国土安全保障大統領指令第5号（Homeland Security Presidential Directive 5: HSPD-5）［2003年］により、単一かつ包括的な緊急事態管理システムの形成という形で具現化されることになった。その成果として2004年3月に DHS/FEMA が公表したのが国家インシデント・マネジメント・システム（National Incident Management System : NIMS）である。

NIMS は、インシデント管理に関する国家の包括的アプローチを示すガイダンス文書であり、全米の各政府（連邦・州・地方等）、NGO、民間組織がインシデントの発生原因・サイズ・場所・複雑性に関係なく協業できるようにするためのテンプレートを提供するというものである。そのため NIMS は、具体的なマニュアルというよりも、米国の国内危機管理全般に通底する基本的なコンセプトや考え方を示すものとしての性格が強い。適用範囲は、インシデント発生時の対応・復旧に限らず、予防（Prevention）

・防護・軽減といった現在の米国の緊急事態管理を構成する全ミッションに及ぶ。だからこそ、米国の関連政策文書や計画を読み解くためには、NIMSの内容を理解しておくことが不可欠となっている。

NIMS の内容としては、多組織間連携を実現するための相互運用性（Interoperability）や取り組みの統一（Unity of Effort）を意識し、インシデント管理に携わるすべての組織や人々が準拠すべき原則やコンセプト、さらに標準的な組織構造、用語、プロセス、資源（人的・物的）を提示している。具体的には、全米の消防組織で広く普及していた指揮統制ツールであるインシデント・コマンド・システム（Incident Command System : ICS）と、多組織間連携を支援するために開発された多機関調整システム（Multiagency Coordination System : MACS）をベースに、インシデント管理における指揮・調整、資源管理、情報管理の規格やモデルが形成されている。NIMSを通じてそれらを全米の関係組織の計画などに反映させ、緊急事態管理の「標準化」を推進することにより、対応従事者や関係当局間での効率的かつ効果的な情報共有や調整・連携を実現しようとしたのである。

NIMS の導入は、米国の緊急事態管理制度の変容を示す象徴的な出来事であった。連邦 - 州 - 地方の政府間の分権的関係性は依然として維持されているものの、2000年代以降、連邦政府は「国家準備（National Preparedness）」の整備という形で政策的関与を強める傾向にある。NIMSによる緊急事態管理の「上から」の標準化という試みはその典型的事例である。HSPD-5 には、連邦政府が緊急事態管理に関する補助を実施する際にその対象が NIMS を適用していることを条件とする規定があるため、全米の各州・地方政府にとってはその適用が事実上義務化されている。

NIMS を通じた「上から」の標準化の試みに関しては、実際の災害対応や政治社会における多元性を重視する一部の専門家から懸念が示されてきた。特に、2005年のハリケーン・カトリーナ（Katrina）対応失敗の原因のひとつとして、地方政府の NIMS 導入の遅延や理解不足が指摘されると、連邦による「上から」の取り組みに対する批判が一挙に噴出した。他方で、緊急事態管理に係わる関係当局や政府関係者の間では、NIMSによる全米単位での緊急事態管理の標準化とその効果を高く評価する声が根強い。実際の災害対応の教訓や州・地方などの関係当局者の意見を反映したアップデート（2008年に第2版、2017年に第3版）が実施されていることに加え、2012年のハリケーン・サンディ（Sandy）、2013年のボストン・マラソン爆破事件、そして2017年のハリケーン・ハーヴィー（Harvey）といった大規模災害やインシデントの対応などにおいてその有効性を発揮するようになってきている。法令等による制度化、そして運用実績を積み重ねていくことにより、NIMS は現在の米国の緊急事態管理を語る上で無視することができない存在になっている。

これまで米国が NIMS などを通じて行ってきた国内危機管理の標準化の試みは、その効果と課題を示す先行事例として、いまや国際的に広く知られている。日本でも比較的早い時期から紹介されていたものの、特に注目されるきっかけになったのが東日本大震災である。広域連携の必要性や被災自治体の機能喪失という「想定外」の事態の中で、自治体間、中央—地方間、官民での多組織間調整の難しさが浮き彫りになった。その際に解決策の一つとして議論されるようになったのが災害対策の標準化であり、モデル事例の一つとして取り上げられるようになったのが米国の ICS とその導入を促進した NIMS である。しかし、標準化を巡る議論は日本の防災・災害対策に役立つ実践的情報を得ることが主目的であったため、紹介される情報は ICS の技術的説明が目立ち、その全容を把握できるようなものは極めて少ない。これは NIMS に限らず、日本での米国の緊急事態管理に関する調査研究全般に見られる傾向である。

米国の制度から日本に役立つ知識を得ようとするならば、米国の緊急事態管理の構造的特徴、すなわち米国の緊急事態管理制度が歩んできた発展経路と政治・行政制度との関係性を考慮し、さらに安全保障と緊急事態管理の関係性を取り除くことなくありのまま伝えることが必要である。日本国内で毎年のように繰り返される大規模自然災害、厳しさを増す安全保障環境、そして新型コロナウィルス感染症による国家規模での被害拡大は、60年以上前に作られた災害対策基本法をベースとする日本の国内危機管理・災害対策制度の枠組みが限界に来ていることを示している。従来のハザードに依拠した発想を乗り越え、より総合的かつ複眼的な視点で危機管理に関する法制度や行政を再考し、将来の方向性を模索しなければならない。この視点に立ってはじめて、先行事例である米国の取り組みから多くの情報や示唆が得られるであろう。

そこで本書では、NIMS の全容を専門家や実務者はもちろん、広く一般の方にも伝えることを目的として、その完全訳と解説を提供する。それにより、国土安全保障政策の一環として実施してきた国内危機管理・災害対策の標準化の取り組みに関する体系的な理解の促進を目指している。

まず資料編では、NIMS が単なる災害対策のフレームワークではなく、国家の強靱化を目的とした国土安全保障政策であることを確認するため、その形成を命じた2003年2月28日の国土安全保障大統領指令第5号（HSPD-5）の翻訳を掲載している。その上で、本書は NIMS 全体像の理解・把握を可能にするため、2017年10月に公表された第3版の全訳を掲載している［※なお、読みやすさを考慮して、小見出しに番号を追加したりなど一部加工をしている］。なお、HSPD-5 や NIMS は連邦政府により作成された政府文書であり、これらの文書に関して米国 DHS や FEMA はいかなる公式の日本語訳も公表していない。本書の資料編に掲載した翻訳は NIMS の内容理解を補助する目的で作成したものであり、その文責は本書の編集を担当した筆者にある。そのため、より正確な理解のためには原文を参照することを強く勧める。

資料編に続く解説編では、米国の緊急事態管理制度の制度的特徴や、ICS 誕生から NIMS 導入に至るまでの歴史的変遷など、NIMS とそれによる国内危機管理・災害対策の標準化をより深く理解するために必要な情報を提供している。その中では、現在と過去の NIMS に関する比較を行い、各版における継続性と相違を明示している。さらに、米国での NIMS に関する研究動向についても紹介することで、米国の専門家の間で NIMS とそれに基づく標準化の試みがどのように評価されてきたかを解説している。また、比較の観点から、日本の災害対策における標準化の試みや学術的議論についても取り上げている。以上を踏まえた上で、改めて災害対策と安全保障の複眼的視点から国家単位で危機管理の標準化を行う意義と課題について論じている。

本書を通じて提供する情報が、米国の制度・政策の理解のみならず、米国の緊急事態管理と日本の危機管理を比較・分析し、今後の危機管理に係わる制度・行政の在り方を抜本的に検討する足がかりになることを強く期待している。

最後に、本書の趣旨と意義に共鳴し、出版に関わってくださった全ての方に感謝を申し上げる。中でも、学会出版プロジェクト企画として取り上げて頂いた戦略研究学会と芙蓉書房出版の平澤公裕様にはここに特段の謝意を表したい。

米国の国内危機管理システム
―― NIMSの全容と解説――

目次

解説編　　伊藤　潤

資料編

国土安全保障大統領指令第5号（HSPD-5）

「国内インシデント管理」

〔2003年2月28日〕

Homeland Security Presidential Directive［HSPD］5

"Management of Domestic Incidents"

［February 28, 2003］

※留意事項：

本編の内容は、2003年2月28日にジョージ・W・ブッシュ（George W. Bush）政権が発行した国土安全保障大統領指令第5号（HSPD-5）を翻訳したものである（※その他の大統領指令の修正に関する規定部分は省略）。この翻訳は、合衆国政府ならびに国土安全保障省（DHS）による公式訳ではなく、編者による独自のものであり、その正確性・完全性を保証するものではない。従って、本資料の利用にあたっては、DHSが公開している原文（英語）［https://www.dhs.gov/publication/homeland-security-presidential-directive-5］を参照し、正確な内容および表記を確認することを強く推奨する。

※翻訳本文の表記について：

文脈に応じて、原文の表記や編集者による説明を補足した場合、［ ］を用いて記載している。

目的

１．単一の包括的な国家インシデント・マネジメント・システムを形成することにより、国内インシデントを管理する合衆国の能力を向上させる。

定義

２．この指令において、

ａ．「長官」という用語は、国土安全保障長官のことを意味する。

ｂ．「連邦省庁」という用語は、国土安全保障および合衆国法典第5編第101条に列挙されている行政省、合衆国法典第5編第104条（1）が定義する独立機構、合衆国法典第5編第103条（1）が定義する政府関連法人、米国郵政公社のことを意味する。

ｃ．「州」、「地方」、そして「合衆国」という用語が地理的意味合いで使用される場合、それらは2002年国土安全保障法（Public Law 107-296）で使用されている場合と同義である。

政策

３．テロ攻撃、大規模災害、その他の緊急事態に対する予防、準備、対応、復旧のため、合衆国は国内インシデントの管理に関して単一かつ包括的なアプローチを形成するものとする。合衆国政府の目標は、全米のあらゆるレベルの政府が、国内インシデントの管理に関して国家的アプローチを使用することにより、効率的かつ効果的に協力して活動する能力を保有することにある。これらの取り組みの中で、国内インシデントに関して、合衆国政府は危機管理（Crisis Management）と結果［被害］管理（Consequence Management）を二つの個別の機能としてではなく、単一の統合された機能として取り扱う。

４．国土安全保障長官は、国内インシデント管理に関する連邦政府高官の主席である。2002年国土安全保障法に従い、［国土安全保障］長官は合衆国内のテロ攻撃、大規模災害、その他の緊急事態に対する準備、対応、復旧に関する連邦の活動を調整する責務を担う。また、長官は、テロ攻撃、大規模災害、その他の緊急事態の対応または復旧において、以下の4つの状況の内、一つでも該当する場合、対応または復旧で利用される連邦政府の資源の調整を行うこととする。（1）連邦政府の省または機関が独自の権限の下で活動している際に長官に応援を要請した場合、(2) 州および地方当局の資源が圧倒され、当該の州および地方当局により連邦政府の応援が要請された場合、(3) 2つ以上の連邦政府の省または機関が実質的にインシデント対応に関与している場合、または (4)［国土安全保障］長官が大統領により国内インシデントの管理に関する責務を担うよう命じられた場合。

5．この指令は、連邦政府の省および機関が法の下でその責務を果たすために付与された権限を変更、またはその実行する能力を阻害するものではない。すべての連邦政府の省および機関は国内インシデントの役割において協力するものとする。

6．連邦政府は、国内インシデント管理における州および地方当局の役割と責務を認識している。国内インシデントの初動の責務は、一般的に州および地方当局にある。連邦政府は、州および地方当局の資源が圧迫されたとき、または連邦の利益と関わるとき、かれらを支援することになるであろう。［国土安全保障］長官は州および地方政府と調整することで、適切な計画・装備・訓練・演習活動を確保する。また、［国土安全保障］長官は州・地方政府を援助して、合衆国の安全保障にとって最も重要なものを含め、all-hazards の計画および能力を発展させる。それとともに、州・地方・連邦の各計画を互換的なものにしていく。

7．連邦政府は、民間および非政府セクターがテロ攻撃、大規模災害、その他の緊急事態の予防・準備・対応・復旧において果たす役割を認識している。［国土安全保障］長官は民間および非政府セクターと調整を行い、必要な計画・装備・訓練・演習に関する活動を確保するとともに、インシデント・マネジメント能力に取り組むためのパートナーシップを促進する。

8．司法長官は、合衆国内の個人またはグループによるテロ行為、もしくはテロの脅威、あるいは国外の合衆国市民や機関に向けられたもので、そのような行為が合衆国の連邦刑事裁判権の範囲内にある場合の犯罪捜査に関して、さらに1947年国家安全保障法［National Security Act of 1947］

およびその他の該当する法律、行政命令［Executive Order］12333、そして同行政命令に基づき司法長官が承認した手続きに従い、合衆国内で行われる関連情報収集活動に関して責務を担う。通常、FBI を通じて行動する際、司法長官は国家の安全を守るための活動に従事している連邦政府の他の省および機関と協力して、その他の法執行コミュニティのメンバーの活動を調整し、合衆国に対するテロ攻撃の特定・予防・阻止・破壊を行う。合衆国の刑事裁判権が及ぶ範囲内でのテロリストの脅威または実際のインシデントが発生した場合、合衆国の法律および国家の安全を守るその他の連邦省庁の活動に沿った形で、合衆国はすべての能力をかけて司法長官が犯人を特定し、裁判にかけることを支援する。司法長官と［国土安全保障］長官は、両省間の協力および調整のために適切な関係とメカニズムを形成するものとする。

9．この指令は、国防長官の国防総省に対する権限、その中には最高司令官としての大統領から国防長官、軍司令官に至る軍の指揮系統、または軍の指揮統制の手続きが含まれるが、それらを損なう、または別の形で影響を及ぼすものではない。国防長官は、大統領の指示により、または軍の準備態勢に合致し、情勢および法の下で適切な場合、国内インシデントを対象に民間当局向けの軍による支援の提供を行う。国防長官は民間支援を提供する軍の指揮権を保持することになる。国防長官と［国土安全保障］長官は両省間の協力および調整のために適切な関係とメカニズムを形成するものとする。

10．国務長官は、国家の安全を守るその他の合衆国政府の活動に沿った形で、国内インシデントの予防・準備・対応・復旧に関連する国際的な活動、さらに海外の合衆国市民および合衆国の利益の保護に関連する国際的な活動を調整する責務を担っている。国務長官と［国土安全保障］長官は両省間の協力および調整のために適切な関係とメカニズムを形成するものとする。

11．国土安全保障担当大統領補佐官および国家安全保障問題担当大統領補佐官は、大統領の指示に従い、それぞれが国内および国際的なインシデント管理における組織間の政策調整に関して責務を担うものとする。国土安全保障担当大統領補佐官および国家安全保障問題担当大統領補佐官は、合衆国の国内および国際的なインシデント・マネジメントの取り組みが切れ目なく一体的なものになるよう協力することとする。

12. ［国土安全保障］長官は、必要に応じて、国内インシデントに関連する情報が収集され、公衆、民間セクター、州および地方当局、連邦省庁、そして通常は国土安全保障担当を通じて大統領に提供されるようにしなければならない。［国土安全保障］長官は、国家の即応性や準備に関して、標準化され、かつ定量に基づく報告を国土安全保障担当大統領補佐官に行うものとする。

13. この指令は、大統領補佐官に連邦省庁、その事務局または職員に対して命令を発行するための権限を与えると解されるものではない。

任務

14. すべての連邦省庁の長は、必要に応じて、かつ国家の安全を守るという自らの責務に沿う形で、上記パラグラフ（4）、（8）、（9）、（10）のそれぞれについて、［国土安全保障］長官、司法長官、国防長官、国務長官に最大かつ迅速な協力、資源、支援を提供するよう指示されている。

15. ［国土安全保障］長官は、国家インシデント・マネジメント・システムを形成し、国土安全保障会議にレビューを提出し、運営することとする。このシステムは、国内インシデントの準備・対応・復旧に関して連邦、州、地方政府が原因、規模、または複雑性に関係なく効果的かつ効率的に協力するため、国家規模の一貫したアプローチを提供することになる。連邦・州・地方の各能力間で相互運用性や互換性を提供するため、NIMS にはコンセプト・原則・用語・技術に関するコアセット、資源特定および管理（資源タイプの分類に関するシステムを含む）、資格・認証、インシデントの情報およびインシデントに関する資源の収集・追跡・報告が含まれる。

16. ［国土安全保障］長官は国土安全保障会議にレビューを提出するとともに、国家対応計画（NRP）を管理することとする。［国土安全保障］長官は、NRP の形成および実施に際して、該当する大統領担当補佐官（経済政策担当大統領補佐官を含む）や科学技術政策局局長、必要と思われる場合にはその他の該当する連邦高官と協議を行わなければならない。この計画に関しては、連邦政府の国内予防・準備・対応・復旧の諸計画を、ひとつの all-discipline かつ all-hazards の計画に統合しなければならない。NRP は一般に公開することとする。もし特定の運用面で機密扱いが求められる場合には、NRP に機密指定の附則を含める。

a．NRP は、NIMS を使用し、国内インシデントの対応に関して、国家レベルの政策を示すとともに、連邦による州・地方のインシデント・マネージャーへの支援の構造とメカニズムを提示する。さらに連邦の直接的な権限・責務の行使に関する構造とメカニズムを適宜提示するものとする。

b．NRP には、さまざまな脅威や脅威レベルの下で活動するためのプロトコル、既存の連邦緊急事態管理計画（適切な修正や改訂を加えたもの）を、NRP の構成要素として統合、または運用計画の支援として取り入れること、さらに必要に応じて追加の運用計画または付属書を設けることが含まれることになる。

c．NRP には、インシデントの報告、アセスメントの提供、大統領、［国土安全保障］長官、国土安全保障会議に勧告を行うための一貫したアプローチが含まれる。

d．NRP には、テスト、演習、インシデントの経験、新しい情報技術に基づき、継続的に改善を行うための厳格な要件が含まれることになる。

17. 長官は以下のことを行うものとする。

a．2003年4月1日までに、（1）NRP の初版を、他の連邦省庁と相談の上、作成・公表する、（2）国土安全保障担当大統領補佐官に NRP の完成および実施に向けた計画を提供する。

b．2003年6月1日までに、（1）連邦省庁および州・地方政府と協議の上、NIMS 実施のための基準、ガイドライン、プロトコルに関する国家的なシステムを開発し、（2）NIMS を持続的に管理および維持できるようにするためのメカニズムを形成する。そこにはその連邦省庁や州・地方政府との定期的な協議が含まれる。

c．2003年9月1日までに、連邦省庁および国土安全保障担当大統領補佐官と協議の上、既存の権限や規則をレビューし、NRP の完全実施に必要な改訂について大統領への勧告を用意する。

18. 連邦省庁の長は、自らの省庁内で NIMS を採用するとともに、NIMS の開発・維持において［国土安全保障］長官への支援・援助を提供しなければならない。すべての連邦省庁は、国内インシデントの管理や、緊急事態の予防・準備・対応・復旧・軽減に関する活動、さらに州または地方の組織への支援の際に行う括動において NIMS を使用することになる。連邦省庁の長は、NRP に参加し、NRP の開発・維持に関して［国土安全保障］長官を援助・支援し、［国土安全保障］長官によって形成されたインシデント報告システムおよびプロトコルを使用しなければならない。

19. 各連邦省庁の長は以下のことを行うものとする。
  ａ．2003年6月1日までに、既存の計画を NRP の初版と合致するよう最初の改訂を行う。
  ｂ．2003年8月1日までに、NIMS の採用および実施に関する計画を［国土安全保障］長官と国土安全保障担当大統領補佐官に提出する。国土安全保障担当大統領補佐官は、大統領に対して当該計画が NIMS の実施に効果的かどうか助言を行うものとする。

20. 2005財政年度の初めに、連邦省庁は、法により認められる範囲で、連邦が準備に関して補助金、契約、その他の活動を通じて援助を行う場合、NIMS の採用を要件にしなければならない。［国土安全保障］長官は、州または地方組織が NIMS を採用したかどうかを判定する基準とガイドラインを作成することとする。

［※21.～24.は国家安全保障大統領指令およびその他の国土安全保障大統領　指令の修正に関する規定のため省略］

国家インシデント・マネジメント・システム
（NIMS）
第３版［2017年10月］

National Incident Management System［NIMS］
Third Edition
［October 2017］

※留意事項：

本編の内容は、2017年10月に国土安全保障省（DHS）／連邦緊急事態管理庁（FEMA）が公開した『国家インシデント・マネジメント・システム（National Incident Management System：NIMS）』を翻訳したものである。この翻訳は、DHS/FEMA による公式の日本語訳ではなく、編者による独自のものであり、その正確性・完全性を保障するものではない。従って、本資料の利用にあたっては、FEMA の公式 Web ページ［https://www.fema.gov/sites/default/files/2020-07/fema_nims_doctrine-2017.pdf］を参照し、内容および表記を確認することを強く推奨する。

※翻訳本文の表記について

- 文脈に応じて、原文の表記または編集者による説明を補足した場合、角括弧［ ］を用いて記載している。
- 原文では名詞の列挙等において“or”および“and/or”を多用していることから、日本語での読みやすさを考慮して、便宜上、「／（スラッシュ）」を使用している（※ただし、文脈上、正確な訳が必要な場合にはその限りではない）。

国土安全保障長官のメッセージ
October 10, 2017

国家インシデント・マネジメント・システムのコミュニティへ

2004年初版の国家インシデント・マネジメント・システム（NIMS）は、国家規模の一貫したテンプレートを提供することで、全米のパートナーが原因・規模・場所または複雑性に関係なく、協力してインシデントの影響を予防・防護・対応・復旧・軽減することを可能にしている。

連邦緊急事態管理庁（FEMA）が2008年に NIMS ガイダンスを最後に改訂して以来、リスク環境は進化し、我々のインシデント・マネジメント能力も成熟してきた。今回の改訂には、様々な分野、政府のあらゆるレベル、民間セクター、部族、非政府組織から得られた教訓やベスト・プラクティスを取り入れている。

FEMA 長官は、国家統合センターの代表として、NIMS の管理および維持を担当している。そして、ポスト・カトリーナ緊急事態管理改革法に従い、改訂した NIMS ガイダンスを発行し、その実施を支援することになる。

この NIMS 改訂版が、我々の国家準備を推進し、インシデント・マネジメントの将来へ我々を導くものと信じている。

長官代理　エレイン C.デューク（Elaine C. Duke）

FEMA長官のメッセージ
October 10, 2017

NIMS コミュニティへ:

2004年に国土安全保障省が初めて国家インシデント・マネジメント・システム（NIMS）を発行して以来、我が国は緊急事態や計画的イベントの前後、そしてその期間中の協力に関して大きな進歩を遂げてきた。日々、様々な組織の人々が協力して人命を救い、財産や環境を守っている。この国家的な取り組みの統一は、困難なときに資源を共有し、相互に助け合えるようにすることで、コミュニティ全体の組織を強化している。

FEMA は、NIMS のガイダンスを適正かつ正確なものとし、さらに更新していくことを様々な分野、すなわち政府のあらゆるレベル、民間セクター、部族、非政府組織のパートナーや実務担当者に対して約束してきた。この文書は NIMS2008年版から多くの部分を引き継いでいる。その上で、ガイダンスを 法律、政策、ベスト・プラクティスの変化に合わせるとともに、緊急事態オペレーションセンターの上級指導者やスタッフをはじめとするオフ・シーンのインシデント要員の役割に関する情報を追加している。

おそらく他のあらゆる国土安全保障のガイダンスと比べて、NIMS は常に日々インシデントに対応している緊急事態要員の経験に基づく実務者の成果物であり、今後もそうあり続ける。NIMS は成熟し続ける一方、その目的は変わらない：インシデント・マネジメントのための共通アプローチを提供することにより、取り組みの統一を高めることである。この文書がその目的を推進すると信じており、この NIMS 改訂版を喜んで承認・支持する。

長官　ブロック・ロング（Brock Long）

Ⅰ．NIMSの基本とコンセプト

A．イントロダクション

全米のコミュニティは様々な脅威、ハザード、イベントを経験している。これらのインシデント＊1の規模・頻度・複雑さ・範囲は異なるが、いずれも一定の要員や組織が関わり、人命救助、インシデントの安定、財産および環境保護の取り組みに関して調整を行っている。日々、各管轄や組織は、協力しながら資源を共有し、戦術を統合し、連携して活動する。これらの組織が近接しているかどうか、国中で互いに支え合っているかどうかに関係なく、その成功は資源の共有、インシデントの調整・管理、情報の伝達に関する共通の相互運用可能なアプローチにかかっている。この包括的アプローチを規定するのが国家インシデント・マネジメント・システム［National Incident Management System］（NIMS）である。

NIMS は、政府、非政府組織（NGO）、民間セクターすべてのレベルが協力してインシデントの予防・保護・軽減・対応・復旧を行えるように導く。国家準備システム＊2に記載された能力を成功裏に実現するため、コミュニティ全体＊3の関係者に共通のボキャブラリー、システム、プロセスを提示する。また、インシデント・コマンド・システム［Incident Command System］（ICS）、緊急事態オペレーションセンター［Emergency Operations Center］（EOC）構造、多機関調整グループ［Multiagency Coordination Groups］（MAC グループ）といったオペレーション・システムを明確に定め、インシデント期間中に要員が協力する方法をガイドしている。

インシデント・マネジメントに関わる管轄や組織は、その権限、管理構造、通信能力やプロトコル、その他多くの要素により異なる。NIMS はこのように多様な能力を統合し、共通目標を達成するための共通フレームワークを提供する。この文書に含まれるガイダンスには、全米のインシデント要員が数十年にわたる経験によって培ってきた解決策を取り込んでいる。

この文書は三つの部構成に整理される：
✺資源管理［Resource Management］は、組織が資源を必要なときにより効果的に共有できるようにするため、インシデントの前やその期間中に要員・装備・補給物資・チーム・施設といった資源を体系的に管理するための標準的なメカニズムを示す。
✺指揮・調整［Command and Coordination］は、オペレーション・レベルやインシデント支援レベルでのインシデント・マネジメントに関するリーダーシップの役割、プロセス、推奨の組織構造を示すとともに、これらの構造がインシデントを効果的かつ効率的に管理するためにどのように相互作用するかを説明する。
✺通信・情報管理［Communications and Information Management］は、インシデント要員やその他の意思決定者が決定を行い伝達するために必要な手段や、情報確保を助けるシステムおよび方法を示す。

これらの部構成は、インシデント・マネジメントに対するビルディング-ブロック・アプローチ［building-block approach］を示している。NIMSの実施を成功させるためには、三つの部構成すべてに関するガイダンスを適用することが不可欠である。

B．適用と範囲

NIMS は、インシデント・マネジメントや支援を担当するすべての関係者に適用可能である。NIMS の対象には、緊急対応要員やその他の緊急事態管理要員、NGO（例えば宗教奉仕活動や地域密着型のグループ）、民間セクター、そしてインシデントに関する決定を担当する公選・任命職が含まれる。すべてのインシデント・マネジメントの取り組みには、インシデント／場所に関係なく、障害を持った人々やその他のアクセスおよび機能上のニーズ［Access and functional needs］を有する人々を組み込むべきである*4。NIMS の対象範囲には、サイズ／複雑さ／範囲を問わず、あらゆるインシデントが含まれるとともに、計画的イベント（例えばスポーツ・イベント）も含まれる。表1はインシデント・マネジメントの基本原則としての NIMS の有用性を示している。

表1 NIMSの概観

NIMSとは	NIMSではない
●インシデント・マネジメントに関する包括的で国家規模の体系的なアプローチであり、インシデントの指揮・調整、資源管理、情報管理を含む	●ICSのみ ●特定の緊急事態／インシデント対応要員にのみ適用可能 ●静的システム
●すべての脅威、ハザード、イベント向けで、ミッション・エリア全域（予防・防護・軽減・対応・復旧）にわたるコンセプトおよび原則	●対応計画
●拡張可能で、柔軟性があり、順応性がある；日常から大規模に至るまですべてのインシデントで使用される	●大規模インシデント期間中のみ使用される
●様々な管轄または組織間での調整を可能にする標準的な資源管理手続き	●資源発注システム
●通信および情報管理のための基本原則	●通信計画

C．NIMSの指導原則

インシデント・マネジメントのプライオリティには、人命救助、インシデントの安定化、財産および環境の保護が含まれる。これらのプライオリティを達成するために、インシデント要員は柔軟性［Flexibility］、標準化［Standardization］、取り組みの統一［Unity of Effort］という原則に沿ってNIMSの構成要素を適用・実施していく。

1．柔軟性［Flexibility］

NIMSの構成要素は、計画された特別イベントから、定期的な地方インシデント、州間の相互扶助［Mutual Aid］／連邦の援助を必要とするインシデントに至るまで、あらゆる状況に適用可能である。いくつかのインシデントは、複数機関／複数管轄／複数分野の調整を必要とする。柔軟性により、NIMSは拡張可能であり、それゆえハザード・地理・人口動態・気候・文化・組織権限といった点で変化に富むインシデントに対して適用可能になっている。

２．標準化［Standardization］

標準化は、インシデント対応における多組織間の相互運用にとって不可欠である。NIMS は標準的な組織構造を定義し、管轄・組織間の統合や接続性を改善する。NIMS が標準的活動を定義することによって、インシデント要員が効果的に協働し、関連する様々な組織間の結束を促進する。また、NIMS には共通用語があり、効果的な通信を可能にする。

３．取り組みの統一［Unity of Effort］

取り組みの統一は、多様な組織間で共通目標を達成するための調整活動を意味している。取り組みの統一により、特定の管轄責任を持つ組織がその独自の権限を維持しつつ、相互に支援することを可能にする。

D．背　景

NIMS は、40年以上におよぶインシデント・マネジメントの相互運用を改善する取組みの集大成である。この作業の発端は、1970年代の地方、州*5、連邦機関が連携し、いわゆるカリフォルニア潜在緊急事態用消防資源［Firefighting Resources of California Organized for Potential Emergencies］（FIRESCOPE）というシステムを作成したことにある。FIRESCOPE には、ICS と多機関調整システム［Multiagency Coordination System］（MACS）が含まれていた。1982年、FIRESCOPE を開発した機関と国家林野火災調整グループ［National Wildfire Coordinating Group］（NWCG）は国家省庁間インシデント・マネジメント・システム［National Interagency Incident Management System］（NIIMS）を作成し、ICS と MACS のガイダンスをあらゆるタイプのインシデントやすべてのハザードに一定程度適用できるようにした。これらのシステムの価値が認められ全米のコミュニティが ICS や MACS を採用したが、それは普遍的なものではなかった。

2001年同時多発テロの後、標準的な構造・専門用語・プロセス・資源を備えた国家規模の統合されたインシデント・マネジメント・システムの必要性が明らかとなった。国土安全保障省［Department of Homeland Security］（DHS）は、FIRESCOPE、NIIMS、その他の先行の取り組みを結合・拡大・向上させる国家的事業を主導し、NIMS を開発した。

連邦緊急事態管理庁［Federal Emergency Management Agency］（FEMA）は2004年に最初の NIMS 文書を発行し、2008年に改訂した。この2017年版は2008年以降の進展を反映しており、得られた教訓、ベストプラクティス、国家準備システムの更新を含む国家政策の変化に基づいている。さらに、本バージョンでは以下のことを行っている：

✷ 旧バージョンの NIMS のコンセプトや原則を確認する；
✷ EOC に関する追加指針を提供する；
✷ NIMS の指揮・調整メカニズムがどのように組み合わさるかを説明する

E．主な用語

いくつかの重要用語がこの文書の各所で使用されている。詳細は、資源管理や指揮・調整の本書各部、サポート附則において説明しているが、これらの用語は前もって定義しておく必要がある。

エリア・コマンド［Area Command］：エリア・コマンドが形成される可能性があるのは、非常に複雑なインシデント、もしくは小規模だが同時多発のインシデントにより複数の ICS 組織の設置小が求められるときであり、それらの管理を監督し、インシデント間で希少資源のプライオリティ付けを行うためである。エリア・コマンドは、それを必要とするインシデントの範囲や管轄を越えたオペレーションの可能性により、統合エリア・コマンド［Unified Area Commands］として設立されることが多く、統合コマンドと同じ原則の下で活動することになる。

所管当局［Authority Having Jurisdiction］：所管当局（AHJ）はインシデント関連ポジションを担当する要員の資格取得・認定・証明書付与のプロセスを作成・管理する組織のことである。AHJ は、警察、消防、公衆衛生、公共事業部門のような地方組織だけでなく、州・部族・連邦政府の省庁、訓練コミション、NGO、企業を含む。

緊急事態オペレーション・センター［Emergency Operations Center］：

EOC はスタッフが現地／その他の EOC（例えば、地方センターを支援する州センター）の要員に対して情報管理、資源配分・追跡、または先進的計画の立案支援を提供する施設である。

インシデント指揮官［Incident Commander］：インシデント指揮官は、インシデント目標の作成や資源の発注・拠出など現場のインシデント活動に関して責任を担う個人のことである。インシデント・オペレーションの遂行に関する包括的な権限と責務を有する。

多機関調整グループ［Multiagency Coordination Group］：MAC グループは政策グループと呼ばれることもあるが、通常は機関管理者／組織幹部／彼らの被指名人で構成される。MAC グループは、インシデント要員に政策ガイダンスを示し、資源のプライオリティや配分を支援する。そして、インシデント・マネジメントを直接担当する人々だけでなく、公選・任命職や他組織の上級幹部の間での意思決定を可能にする。

統合コマンド［Unified Command］：1つ以上の機関がインシデントの管轄を有するとき、または政治的管轄をまたぐインシデントが発生したとき、統合コマンドの使用により複数の組織が共同でインシデント指揮官の機能を実施することが可能になる。各参加パートナーは、その要員や他の資源に関する権限・責務・説明責任を維持する一方で、共通のインシデント目標、戦略・単独のインシデント・アクション・プラン［Incident Action Plan］（IAP）セットの形成を通じて、インシデント活動を共同で管理・指揮する。

※取り替え

この文書は、2008年12月に発行された NIMS 文書と NIMS ガイド0001および0002（いずれも2006年3月発行）に取って代わるものである。

註

＊1 この文書における「インシデント［incident］」は、あらゆる種類や規模の緊急事態または災害だけでなく、計画的イベントも含む。追加情報は用語集を参照のこと。

＊2 国家準備システム［National Preparedness System］は、コミュニティ全体が国家準備目標を達成することを助けるために体系化されたプロセスの概要を示している。それは既存の政策、プログラム、ガイダンスで構成・構築されており、国家計画立案フレームワーク［National Planning Frameworks］、連邦省庁間オペレーション計画［Federal Interagency Operational Plans］、国家準備レポート［National Preparedness Report］が含まれる。

＊3 コミュニティ全体［Whole community］は、より良い調整や業務上の関係を促進するため、政府の全レベルの参加と併せて、NGOを含む民間および非営利セクター、一般市民といった幅広いプレイヤーがインシデント・マネジメント活動へ参加可能にすることに焦点を置いている。

＊4 アクセスおよび機能上のニーズ［Access and functional needs］とは、インシデント期間中に個人の行動力を制限する一時的ないし恒久的な状況により、移動、通信、輸送、安全、健康維持などに援助／便宜／変更を要する個別事情のことである。

＊5 この文書における「州［State］」は州、準州、島嶼地域の56ヵ所を指している（米国
のすべての州、コロンビア特別区、プエルト・リコ、ヴァージン諸島、グアム、アメリカ領サモア、北マリアナ諸島が含まれる）

Ⅱ．資源管理 [Resource Management]

NIMS の資源管理ガイダンスにより、多くの組織要素が資源（要員、チーム、施設、装備、補給物資）の体系的管理のために連携・調整することが可能になる。大半の管轄／組織は、あらゆる潜在的な脅威やハザードに対処するために必要な資源すべてを保有・維持しているわけではない。それゆえ、効果的な資源管理には、各管轄の資源の利用、民間セクター資源の活用、ボランティア組織の参加、相互扶助協定の形成促進が含まれる。

この部構成に含まれるのは、三つのセクション：資源管理準備、インシデント期間中の資源管理、相互扶助である。

A．資源管理の準備

資源管理の準備に必要なものは次の通りである：資源の特定・分類；要員の資格取得・認定・証明書付与；資源の計画立案；資源の獲得・備蓄・目録作成。

1．資源の特定と分類

資源分類は能力によってインシデント資源の定義付け・分類を行うことである。資源分類の定義は要員・チーム・施設・装備・補給物資の最小限の能力を定義することによって、資源について議論するための共通用語を形成する。資源分類により、コミュニティが計画を立てて要請を行うことが可能になり、彼らが受け取る資源が要請した能力を有していると確信を持てるようになる。

FEMA は地方／州間／地域／国家規模で共有される資源のために、資源分類の定義の形成・維持を主導している。各管轄は、この定義を使用して、地方の資産を分類することができる。国家レベルで分類する資源を特定するとき、FEMA は以下の資源を選択する：

✷ 広く使用され、共有可能である；

✷ 相互扶助協定／協約を通じて、管轄の境界を越えた共有または展開を行うことができる；

✺ 以下の特徴によって特定することができる：
  —能力［Capability］：資源が最も役に立つ中核能力［core capabilities］＊1；
  —カテゴリー［Category］：資源がもっとも役に立つであろう機能（例えば消防、法執行、健康・医療）；
  —種類［Kind］：要員、チーム、施設、装備、補給物資のような広義の特徴付け；
  —タイプ［Type］：資源がその機能を遂行するための最小限の能力；
    ・資源のタイプを決定するために使用される具体的な基準は、資源の種類および想定されるミッションに依拠している（例えば、移動式キッチン・ユニットはそれが生産することができる食事の数に応じて分類される一方で、ダンプ・トラックは運搬能力に応じて分類される）；
    ・タイプ1はタイプ2より高い能力であり、タイプ2はタイプ3より高い能力である、など；
    ・能力レベルは規模、パワー、（装備の）能力、（要員ないしチームの）経験および資格に基づいている；

✺ 利用可能性を判断するために特定、在庫管理、追跡できる；

✺ ICS や EOC におけるインシデント・マネジメント／支援／調整のために使用される；

✺ 十分な相互運用性ないし互換性があり、資源発注・管理・追跡に関する共通のシステムを通じた展開が可能となる

あらゆるレベルの資源ユーザーはこれらの基準を適用し、資源の特定・在庫管理を行う。資源種類の下位区分により、能力がより正確に定義される。

資源分類ライブラリー・ツール［Resource Typing Library Tool］

資源分類ライブラリーツール（RTLT）は、NIMS の資源分類定義および職位／ポジション資格のオンライン・カタログである。RTLT は http://www.fema.gov/resource-management- mutual-aid でアクセス可能である。RTLT のホームページから、ユーザーは資源タイプ／分野／中核能力／その他のキーワードで検索することができる。

２．要員の資格取得・認定・証明書付与

資格取得・認定・証明書付与は AHJ によって主導される不可欠なステップであり、相互扶助協定を通じて展開する要員が彼らに割り当てられた役割の責務を果たす知識・経験・訓練・能力を有していることを証明するのに役立つ。また、これらのステップは、全米の要員が国家的に標準となっている基準に基づいてインシデントに関する責務を果たせるよう準備するのに役立つ。

資格取得［Qualification］とは、要員が特定のポジションに就くために定められた最低限の基準（訓練、経験、身体的・医学的適性、能力）を満たすプロセスのこと。

認定／再認定［Certification/Recertification］とは、AHJ ないし第三者機関から個人が定められた基準を満たし、それを継続しているということ、そして特定のポジションを担う資格があるということを認められること。

証明書付与［Credentialing］は、AHJ ないし第三者機関＊2が要員を識別し、特定のポジションの資格を証明・確認する文書（通常は ID カードまたはバッジ）を提供するときに起きる。証明書付与には ID カードなど証明書の発行を含む一方、インシデント固有の記章付与プロセス（識別認証・資格・展開許可を含む）とは別のものである。

資格取得・認定・証明書付与プロセスの適用

NIMS の資格取得・認定・証明書付与のプロセス（図１参照）では、パフォーマンス・ベースのアプローチを使用する。このプロセスにより、コミュニティは、相互扶助協定を通じて他の組織から配置される要員について計画立案や要請を行うとともに、信頼することが可能になる。

国家的に標準化された基準や最小限のポジション資格により、インシデント従事者の資格および認証のための基準に一貫性がもたらされる。職位やポジション資格とともに、NIMS のパフォーマンス・ベースに基づく資格付与プロセスを支える基本ツールがポジション・タスク・ブック［position task book］（PTB）である。PTB は、あるポジションにつく資格

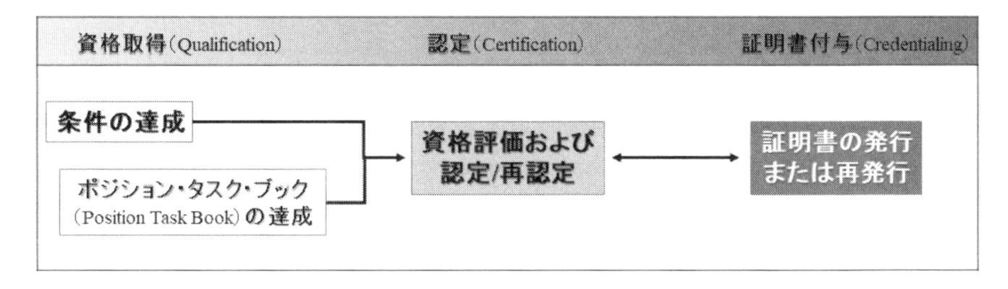

図1 インシデント要員の資格取得（Qualification）・認定（Certification）・証明書付与（Credentialing）

を得るために必要な最小限の能力・行動様式・タスクを示している。PTBは、全国標準である資格・認定・信任プロセスの基礎となっている。

FEMAは、最小限の資格を推奨しているが、当該AHJの管轄下でポジション資格を求めている個人の資格や信任を形成・伝達・管理するのは全米のAHJである。AHJは、それぞれの組織または管轄内での資格・認証・信任プロセスを作成、実施、維持、監督する権限と責務がある。AHJは、地方ニーズのためにNIMS以外の追加要件を課すことができる。場合によっては、多数の専門領域がチーム（例えば、インシデント・マネジメント・チーム［Incident Management Team］（IMT））の一部として協働することを支援することも可能である。

３．資源に関する計画立案

各管轄・組織は、インシデントが発生する前に協力して資源の特定・管理・見積り・配置・発注・展開・動員解除に関する計画を作成する。計画立案のプロセスには、管轄／組織にとっての脅威や脆弱性に基づいて資源要件を特定することが含まれる。また、計画立案には、必要とされる資源を獲得するための代替戦略を作成することも含まれる。資源管理要員は、すべてのミッション・エリア（予防［Prevention］、防護［Protection］、軽減［Mitigation］、対応［Response］、復旧［Recovery］）＊3を支援するために必要な資源を検討する必要がある。計画者が検討すべき資源管理戦略には少なくとも以下のものが含まれる：

✷ 資源の備蓄；
✷ 近隣の管轄から資源を獲得するための相互扶助協定の形成；

✺ 既存の資源を優先度の低いタスクから再配置する方法や場所の決定；
✺ ベンダーから必要なときに迅速に資源を獲得するための契約の作成

資源立案者が検討するのは、ニーズの緊急性、十分な量のアイテムが手元にあるかどうか、需要を満たすほど十分にアイテムを急速に製造することができるかどうか、である。備蓄は保存可能期間や耐久性に関する問題点を示す。しかし、ジャストインタイムで資源を獲得するという代替案にも潜在的な陥穽がある。例えば、計画者は、複数管轄が同じ資産やベンダー（例えば、同じ市内の病院が緊急医療用品に関して単一のサプライヤーのストックに依存しており、ひとつの病院分しか充足できない状態）に依存していないということを確認しておかなければならない。また、各管轄は寄付された資源を処理・配分するプロトコルも具体化しておくべきである。

能力見積り［Capability Estimation］

資源ニーズの見積りは、資源計画の立案にとって重要である。能力見積りを通じて、各管轄は一連の行動を行う能力を評価する。能力見積りの結果は、計画ないし附則の資源セクションに反映される。能力見積りは、以下の質問に答えるのに役立つ：
・何を準備する必要があるのか？
・目標達成を可能にするために、どの資源を保有するか？
・目標達成に備え、相互扶助を通じてどの資源を獲得することが可能か？

このプロセスのアウトプットは、戦略上・オペレーション上・戦術上の計画立案；相互扶助協定や協約の形成；ハザード軽減計画の立案など、様々な準備の取り組みに情報を提供する。

緊急能力を必要とする活動のために、計画立案では事前配置の資源を含めることが多い。計画では、在庫が事前に決めた最小に達したときに用品を補充する、といった対応のトリガーとなる条件または状況を想定すべきである。

4. 資源の取得・備蓄・目録作成

各組織は日常オペレーション用の資源に加え、インシデント用に備蓄してきた追加資源の取得・保管・在庫管理を行う。資源管理を担当する人々は、定期的補充・予防保全・設備改良に関する計画を立てる必要がある。さらに、大規模または複雑な資源のために必要となるかもしれない補助的支援／補給物資／スペースに関しても計画を立てておくべきである。効果的な資源管理には、資源目録の形成、そして情報の流通や正確性の維持が必要となる。資源目録は、紙のスプレッドシートのようなシンプルなものでもできる一方、多くの資源管理者は情報技術（IT）ベースの在庫管理システムを使用して資源のステータスを追跡し、利用可能な資源の正確なリストを作成している。正確な資源目録は、組織がインシデントに対して迅速な資源提供を可能にするだけでなく、調整・会計処理・監査など日常的な資源管理活動も支援する。

効果的な資源目録には、各資源に関する以下の情報が含まれる：

資源目録作成［Resource Inventorying］　**v.s. 資源追跡**［Resource Tracking］

NIMS の目的として、資源目録作成はインシデント対応の外部でなされる準備活動を指している。在庫管理には、組織の資源に関する最新の総数や関連細目が含まれる。多くの場合、在庫管理はインシデント期間中における資源追跡の基礎となる。

資源追跡は、インシデント期間中に発生し、それにはインシデントに配置されている資源の数やステータス、それらが配置される組織要素、適切な作業／休息比に照らし合わせた進捗状況が含まれる。インシデントのニーズは、追跡する資源の数とタイプを増やす。

- **名称**［Name］：資源固有の名前。
- **別名**［Aliases］：公式・非公式を問わず、その資源が持つその他の名称。無線のコールサイン、ライセンス・ナンバー、ニックネーム、ユーザーがその資源を特定するのに役立つその他のものがありうる。
- **ステータス**［Status］：資源の現在の状況ないし準備状態。
- **資源分類の定義または職位**［Resource Typing Definition or Job Title］：これは標準的な NIMS の資源分類の定義または職位／ポジション資格か、あるいは（非分類資源に関する）地方／州／部族の定義のいずれかの可能性がある。
- **相互扶助準備**［Mutual Aid Readiness］：相互扶助の下で資源が利用可能かどうか、展開準備ができているかどうかのステータス。
- **元位置**［Home Location］：資源の常設備蓄場所、拠点またはオフィス。

これには、地図形成や意思決定支援ツールとの相互運用を確保するため、元位置の関連緯度／経度や全米国家グリッド［United States National Grid］の座標を含めるべきである。

- **現在地**［Present Location］：資源の現在の備蓄場所／拠点／オフィス／展開配置。関連緯度／経度や全米国家グリッドを伴う。
- **連絡先**［Point of Contact］：各個人が情報を提供し、資源に関連する不可欠な情報を伝達することができる。
- **所有者**［Owner］：資源を所有する機関、企業、個人またはその他の団体。
- **製造者／モデル**［Manufacturer/Model］（装備のみ）：資源を作成している組織および資源のモデル名／ナンバー。さらに、このセクションにはシリアルナンバー（資源固有識別ナンバー）も含まれる。これが公式記録で使用される実際の在庫管理ナンバーまたはその他の値になる。
- **契約**［Contracts］：購入／リース／レンタル／メンテナンス協定、またはその他の資源関連の財政協定。
- **認定書**［Certifications］：資源に関連する公式の資格、認定、ライセンスの正当性を認める文書。
- **展開情報**［Deployment Information］：資源を要求するために必要とされる情報。
  - —最小リードタイム（時間単位）［Minimum Lead Time（in hours）］：資源をインシデントに配置するための準備に必要な最小時間。
  - —最大展開時間（日数単位）［Maximum Deployment Time（in days）］：資源がメンテナンス／回復／再補給のために引き上げなければならなくなるまでの展開または関与可能な最大時間。
  - —制限［Restrictions］：資源使用、配備可能エリア、能力などに課される制限。
  - —補償プロセス［Reimbursement Process］：補償可能なアイテムの返済に関する情報。
  - —解除・返還指示［Release and Return Instructions］：資源の解除および返還に関する情報。
  - —持続可能性に関わるニーズ［Sustainability Needs］：資源の有用性を維持するために必要な行動に関する情報。
  - —カスタム属性［Custom Attributes］：機関が資源記録に追加できるカ

スタム可能なフィールド。これには通常フィールドに含むことのできない必要情報を含めることができる。

また、資源目録は、要員または装備を二重計算する可能性を解消（そして軽減）する。資源要約は、資源総数の過大計上を避けるため、異なる資源プール間での要員／補給物資／装備の重複を明確に反映しておく必要がある。

B．インシデント期間中の資源管理

インシデント期間中の資源管理プロセスには、資源を特定・発注・動員・追跡する標準的な手法がある。一部のケースでは、その特定および発注プロセスは簡略化される。例えば、インシデント指揮官が既存のタスクのために必要な具体的資源を特定しており、それらの資源を直接発注するような場合である。しかし、より大規模で、より複雑なインシデントにおいて、インシデント指揮官はICSやEOC組織における資源管理プロセスや要員に依拠して資源ニーズの特定および対応を行っている。図2はインシデント期間中の資源管理に関する6つの主要タスクを描いている。

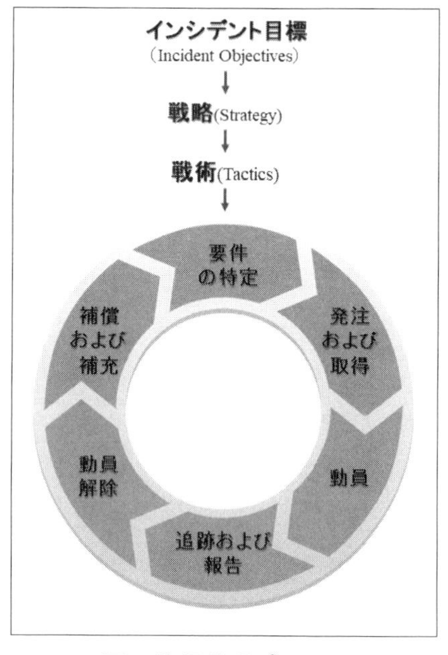

図2 資源管理プロセス

1．要件の特定

インシデント期間中、要員は資源ニーズを継続的に特定・正当化・精緻化していく。このプロセスには、必要とされる資源のタイプや量、資源が送られるべき場所、誰が資源を受け取り使用するか、を特定することが含まれる。

資源の有用性やニーズは、インシデントの進捗に応じて常に変化する。ゆえに、インシデント・マネジメント要員やその関係組織は、インシデント前および期間中にできる限り緊密かつ早期に調整を行う必要がある。

2. 発注と取得

インシデントおよび EOC のスタッフ双方が資源要件に関する初期および持続的評価を行い、それらの資源をアクティベートまたは要請する。インシデント要員は、契約履行、相互扶助協定の実施、または別の政府レベルからの援助要請（例えば地方政府から州へ、もしくは州から連邦政府へ）によって追加の資源を発注することができる。

インシデントまたは EOC にいる要員は、インシデントのプライオリティや目標に基づいて資源を要請する。彼らは管轄／組織のプロトコル（例えば最小のスタッフ配置レベル）に基づき、そして適用可能な時には他のインシデントの資源需要に基づいて資源配置に関する決定を行う。資源を提供する組織は、要請を承認し、要求された資源と引き渡し可能なものとの相違を伝える。

資源の要請

資源を要請する組織は、何が必要となっているのか要請を受ける人々が確実に理解できるようにするため、十分に詳細を示す必要がある。NIMS の資源名称やタイプを使用することは、要請の明確な伝達・理解を確保するのに役立つ。要請する組織は、以下の情報を要請時に含めるべきだ：

- 既知である場合には、量・種類・タイプなど詳細な項目説明、もしそうでない場合は必要とされる能力または用途の説明；
  - 適当な代替資源または望ましい調達源が存在する場合、それらを示す必要がある；
  - 資源が共通または標準的なインシデント用資源でない場合、要請者はその際に詳細な仕様を示す必要がある；
- 所要の到着日時；
- 所要の配送ないし報告場所；
- 資源が直属する個人の肩書；
- インシデント特有の健康上ないし安全上の懸念事項（例えばワクチン接種、生命／作業に悪影響を及ぼす条件、または特定されている環境ハザード）

要員は、彼らの資格やインシデントのニーズに加え、管轄のライセンス要件または制限（例えば、法執行や医薬などの分野にいる要員は承認・許可された管轄外で限定的権限を有する）に基づいて配置される。

インシデントでの割り当て（任務）[assigments]

効果的かつ安全なインシデント・マネジメントは、すべての要員が既定のガイドラインに従って彼らの責任を履行することにかかっている。要員は、該当する当局の要請によりインシデントに展開する。各個人は、組織が求めるまたは推奨する技術・知識・認定書・体調や、装備のようなその他の項目を維持することによって展開可能な状態になっている。

展開の通知に従い、各個人は以下のことを行う必要がある：

- 直近の状況レポートをレビューする（入手可能ならば）；
- 割り当て［任務］、展開場所、旅程を特定する；
- 可能ならば、任務先の監督者と関連する連絡先情報を特定する；
- 任務手続き書類のコピーを入手する；
- 作業現場の安全またはアクセス手続きに関するブリーフィングや、（可能な場合には）展開エリアに関する特段の環境ないし健康上の懸念事項をレビューする；
- 日常の職責に関する範囲を確認／点検する

要員が指定のインシデント作業現場に到達したとき、以下のものを含む説明責任の手続きに従う必要がある：

- チェックイン［Check-In］：任務を受領するために出頭する（機関所属に関係なくすべての要員に適用）。
- 記録管理：インシデントでの活動文書化に関する手続きに従う。完全かつ正確な記録を維持することは、州や連邦の援助・補償・潜在的な将来の訴訟に役立つ。
- 通信：無線または通話手続きを順守する；暗号ではなく、平易な言葉と簡潔な文を使用する。
- チェックアウト［Checkout］：動員解除が通知されたとき、インシデント・エリアを離れる前に地方のチェックアウト手続きに従う。要員は以下のことを行う必要がある：（その他の指示がない限り）進行中のすべての作業を完了する；すべての記録やファイルを最新のものにする；インシデント支援で受領したあらゆる装備を返還または移管する；該当する場合には、後続の要員に作業ステータスや任務に関するブリーフィングを行う。

未要請の資源

インシデント期間中、対応従事者は、要請がないままインシデント・エリアに現れることがある。現地に集まってくるそのような要員は、一般的に自主派遣または自主展開と呼ばれるが、少なくとも以下のことによりインシデント・マネジメントを妨害し、すでに圧迫されているシステムに後方支援や管理上の追加負担を課す恐れがある。

- 監督上・後方支援・安全に関する追加ニーズを生み出す；
- ホーム・コミュニティーへ継続的サービスを提供するために必要とされる資源を激減させる；
- 資源追跡および説明責任を複雑にする；
- 正式要請した資源へのアクセスを阻害する

対応従事者は、インシデントへの自主展開ではなく、正式な展開通知を待つべきである。

３．動　員［Mobilizing］

要員およびその他の資源は、要請している管轄やそのために活動する仲介者、例えば州の緊急事態管理援助協約（EMAC）の調整者が通知してきたときに動員を開始する：

- 出発に関する日時・場所；
- インシデントへの輸送方式；
- 到着日時の見積り；
- 報告場所（住所、肩書、電話番号または無線周波数）；
- 予想されるインシデント任務；
- 予想される展開持続時間；
- 資源発注番号；
- インシデント番号；

✷ 適用される費用および予算コード

資源追跡は動員プロセスと直結している。現地に到着する資源は、受領する組織のチェックイン・プロセスに従って登録手続きを行う。

動員プロセスには、以下のものがある：

✷ インシデント固有の展開計画の立案を実施；
✷ 配備；
✷ ジャストインタイムの訓練の提供；
✷ 集結ポイントの設定；
✷ スケジュール通り、かつプライオリティや予算に沿ったインシデントへの資源配送

研究所、病院、EOC、シェルター、廃棄物管理システムのような固定施設資源を動員することは、展開よりもアクティベーションに関わってくる。資源動員ステータスをモニターする計画やシステムは、両方のタイプの資源に合わせられるように柔軟にしておくべきである。管理者は、彼らが資源の動員を開始するのと同時に動員解除プロセスを計画・用意する。

資源としての生存者［Survivors as Resources］

緊急事態対応従事者が動員・到着可能になる以前に、近隣住民や第三者は人命救助の援助を行う最初の人々になることがよくある。助けようとする自然的欲求は対応従事者が現場に到着してもすぐには消えない。インシデント・マネジメント要員はこれを想定し、これらのボランティア能力を安全かつ効率的に使用することを予定しておくべきだ。

民間およびボランティア組織

全米赤十字社［American Red Cross］や医療予備隊［Medical Reserve Corps］のようなボランティア組織も、インシデントの前後やその期間中に貴重な援助を動員・提供する。これらのグループは、ボランティアをインシデント活動に統合するための組織となる。また、多くの場合、彼らは、コミュニティと既に関係を構築しており、政府組織ではできない援助を実施するとともに、正式な資源発注プロセスを通じた要請に対して支援を行う。

4．追跡と報告

インシデント・マネージャーは、既定の手続きを使用して動員から動員解除に至るまでの資源を追跡する。資源追跡は、インシデントの前後やその期間中に発生する。このプロセスは、スタッフが資源を受領および使用するための準備を助ける。また、資源の位置を追跡するとともに、要員、装備、チーム、施設の安全・保安を促進する。そして、効果的な資源調整・移動も可能になる。

資源管理のための情報管理システム
［Information Management Systems for Resource Management］

情報管理システムは、リアルタイムのデータを各管轄、インシデント要員、連携組織に提供することによって、資源ステータスに関する情報フローを高める。資源管理を支援するために使用される情報管理システムには、位置情報を取得可能な状況認識・意思決定支援ツールがあり、団体の資源在庫管理（複数含む）とリンクして資源追跡を行えるものがある。

5．動員解除［Demobilizing］

動員解除の目標は、資源を元の場所やステータスに、秩序立てて、安全かつ効率的に返還することである。資源がインシデントで必要とされなくなった時点で、資源担当の責任者は速やかに動員解除をすべきである。資源の受領者と提供者は、動員解除ではなく、資源の再配置に関して合意を結ぶことができる。動員解除の前に、計画立案や後方支援機能を担当するインシデント・スタッフは、どのように資源が回復・補充・処理されるか、あるいはオペレーション状態へ復帰／復職させるかということに関して共同で計画する。

6．補償と補充

補償には、具体的活動のために資源提供者が負担した経費の支払いが含まれる。資源準備の形成や維持とともに、提供者にタイムリーな形で支払う手段を形成するため、補償プロセスは重要である。プロセスには、請求書の収集、作業範囲に対するコストの認証、被害を受けた装備の交換・補修、補償プログラムへのアクセスが含まれる。多くの場合、補償手続きは相互扶助・援助協定で規定される。

C．相互扶助［Mutual Aid］

相互扶助は、管轄または組織間の資源およびサービスの共有を意味し、要請組織が特定した資源ニーズを満たすために定期的に発生する。この援助には、地方コミュニティ間の法執行、緊急医療サービス（EMS）、消防サービスの日常的な派遣、さらに大規模災害が発生したときの州内または州境を越えた資源の移動も含まれる可能性がある。相互扶助は、ミッションのニーズを満たすために不可欠な援助を提供することができ、NIMS資源管理ガイダンスは国中の相互扶助の取り組みを支援する。

1．相互扶助協定・協約［Mutual Aid Agreements and Compacts］

相互扶助協定は、2つ以上の団体が資源を共有するための法的基盤を形成し、政府のあらゆるレベルに様々な形で存在する。相互扶助協定により、2つ以上の近隣のコミュニティ間、州内のすべての管轄間、州間、連邦組織間、または国際的な相互扶助に正当性を付与することができる。また、相互扶助は、部族政府やNGOによって形成された公式・非公式の合意、さらに民間セクター内でも様々な形で形成された公式・非公式の合意によるものがある。

緊急事態管理援助協約
［Emergency Management Assistance Compact］

EMACは、議会で承認された相互援助協約であり、緊急事態または災害の期間中に州境を越えて資源を共有する非連邦の州間システムを定義している。調印者には、全50州、コロンビア特別区、プエルト・リコ、グアム、米国ヴァージン諸島が含まれる。EMACの州・地域・準州、そしてFEMAや州兵総局のような連邦組織との独特な関係により、管轄のニーズを満たすために様々な資源を動かすことが可能になる。

これらの相互扶助協定は、多くの場合、参加する団体の債務・補償・手続きを扱うとともに、以下のトピックを含むことがある：

- 償還：相互扶助サービスは有償・無償のどちらかである（例えば、代償サービスの提供に基づく）。一部の相互扶助協定は、償還のパラメーターを明確化する。
- 免許交付および認定書の承認：地理的境界を越えた免許交付が認められ

るようにするためのガイドライン。
- ✺ 動員（要請・派遣・対応）手続き：当事者が相互扶助を通じて資源を要請・派遣するための明確な手続き。
- ✺ 音声およびデータ相互運用プロトコル：異なる通信および IT システムが情報を共有する方法を明確化するプロトコル。
- ✺ 資源管理プロトコル：NIMS の資源分類の定義または地方の在庫管理システムに基づいて資源をパッケージングする標準的なテンプレート。

2. 相互扶助のプロセス

相互扶助の要請に応じて提供を行う管轄は、一時的な資源喪失（複数含む）に対応する能力と照らし合わせて要請を評価する。例えば、消防署の資源管理者は、要請された装備や要員を別の管轄に展開した後に、依然としてそのコミュニティのニーズを満たしうるかどうかを検討する。

提供を行う管轄が要請に応じて資源展開が可能と判断した場合、相互扶助協定の条項に従って資源を特定し、それらの展開に向けた準備を行う。受領する管轄は、資源がそのニーズを満たさない場合、資源を拒絶することができる。

註

＊1 中核能力［Core capabilities］は、国家準備目標で定義されており、5つのミッション・エリア：予防［Prevention］、防護［Protection］、軽減［Mitigation］、対応［Response］、復旧［Recovery］の実施に不可欠な要素のことである。

＊2 特定のポジションには、第三者機関の認定または州の医療専門家に関するライセンス委員会など公認団体からの証明書付与が必要となる。

＊3 ミッション・エリア［Mission Area］に関する詳細は、国家準備目標［National Preparedness Goal］および5つの国家計画立案フレームワーク［National Planning Framework］で示している。

Ⅲ．指揮・調整 [Command and Coordination]

地方当局は、大半のインシデントを単独の管轄内の通信システム、派遣センター、インシデント要員を使用して対処する。しかし、大規模で複雑なインシデントは、単独の管轄で始まったとしても、複数管轄または複数領域が関わる取り組みに急速に拡大し、外部資源や支援が必要となる。標準的なインシデント指揮調整システムは、外部資源の効率的な統合を可能にし、国内のあらゆる所から来る援助要員がインシデント・マネジメント構造に参加できるようにする。NIMS における「指揮・調整」で、インシデント・マネジメントのための標準的かつ国家的なフレームワークを規定するシステム・原則・構造を示す。

インシデントの規模／複雑性／範囲に関係なく、効果的な指揮・調整（柔軟かつ標準的なプロセスやシステムの使用）は人命救助や状況の安定化に資する。インシデントの指揮・調整は、以下の4つの責任エリアで構成される：

①現地で資源を適用する戦術活動；

②インシデント支援。通常、EOC ＊1において実施され、オペレーションおよび戦略上の調整、資源獲得、情報の収集・分析・共有を通じて行われる；

③政策ガイダンスおよび上級レベルの意思決定；

④インシデントに関する情報提供を続けるためのアウトリーチおよびメディア・市民とのコミュニケーション

MACS は、これら4つのエリアを様々な NIMS の機能グループ（ICS、EOC、MAC グループ、統合情報システム（JIS））全域で調整するために存在する。「指揮・調整」では、これら MACS の構造を示し、様々なインシデント・マネジメントのレベルで活動する多様な部隊［elements］がどのように相互作用するのかを説明する。NIMS は、統一的なドクトリンを、共通用語、組織構造、オペレーション・プロトコルとともに示すことによって、インシデントに関わるすべての人々（現地のインシデント指揮官から大規模災害時の国家指導者まで）が彼らの努力の結果を調和させ、最大化できるようにする。

A．NIMSの管理特徴

以下の特徴が NIMS の下でのインシデント指揮調整の基本であり、システム全体の強度および効率性に寄与する：

✺ 共通用語［Common Terminology］
✺ モジュール組織［Modular Organization］
✺ 目標による管理［Management by Objectives］
✺ インシデント・アクション・プランの立案［Incident Action Planning］
✺ 管理可能な統制範囲［Manageable Span of Control］
✺ インシデント用の施設とロケーション［Incident Facilities and Locations］
✺ 包括的な資源管理［Comprehensive Resource Management］
✺ 統合通信［Integrated Communications］
✺ 指揮の形成と移管［Establishment and Transfer of Command］
✺ 統合コマンド［Unified Command］
✺ 指揮系統と指揮の統一［Chain of Command and Unity of Command］＊2
✺ 説明責任［Accountability］
✺ 派遣／展開［Dispatch/Deployment］
✺ 情報およびインテリジェンスの管理［Information and Intelligence Management］

1．共通用語［Common Terminology］

NIMS は共通用語を規定し、インシデント・マネジメントや支援を行う多様な組織が、様々な機能やハザード・シナリオにわたって協働することを可能にする。この共通用語は、以下のものをカバーする：

✺ 組織機能［Organizational Functions］：インシデント責任を担う主要な機能や機能ユニットは命名・定義される。インシデントの組織要素に関する用語は、標準化され一貫している。
✺ 資源名称［Resource Descriptions］：主な資源（要員、装備、チーム、施設など）は共通の名称を付与されて分類されることにより、混乱回避に役立ち相互運用性を向上させる。
✺ インシデント施設［Incident Facilities］：インシデント・マネジメント施設は共通用語を使用して指定される。

２．モジュール組織［Modular Organization］

ICS と EOC の組織構造は、インシデントの規模・複雑性・ハザード環境に基づいてモジュール形態で発展する。ICS 組織と EOC チームを形成・拡大する責任は、最終的にインシデント指揮官（または統合コマンド）や EOC ディレクター＊3にある。部下が遂行する機能の責任は、監督者が責任を委託するまで、基本的に次に高位の監督的ポジションにある。インシデントの複雑性が高まり、インシデント指揮官・統合コマンド・EOC ディレクター・下位の監督者が追加で機能責務を委任する場合、それに応じて組織は拡大する。

３．目標による管理［Management by Objectives］

インシデント指揮官／統合コマンド＊4はインシデント・オペレーションを推進するために目標を形成する。目標による管理には以下のものがある：

- 明確かつ、測定可能な目標の形成；
- 目標を達成するための戦略・戦術・タスク・活動の特定；
- 様々なインシデント・マネジメント上の機能要素に合わせて任務、計画、手続き、プロトコルを作成・発行し、特定されたタスクを達成する；
- 目標に対する結果を文書化。それによりパフォーマンスを測り、集団的行動を促進し、後続のオペレーション期間におけるインシデント目標作成のための情報を提供する

４．インシデント・アクション・プラン［IAP］の立案

インシデント・アクション・プランの組織的立案は、インシデント・マネジメント活動の指針となる。IAP は、オペレーションおよび支援活動のためにインシデント目標、戦術、任務を把握して伝達する簡潔で一貫した手段となる。

すべてのインシデントには、アクション・プラン［action plan］が必要である；ただし、すべてのインシデントで文書計画が必要というわけではない。文書計画の必要性は、インシデントの複雑性、指揮決定、法的要請に依存している。突発的インシデントの初期オペレーション期間では、正式な IAP が必ずしも作成されるわけではない。しかし、もしインシデン

トが１オペレーション期間を越えて延長しそうな場合、または複雑さが増しそうな場合、あるいは複数の管轄／機関が関与する可能性がある場合、書式の IAP を用意することは取り組みの統一や効果的かつ効率的で安全なオペレーションを維持するために一層重要となる。

また、通常、EOC のスタッフは、反復的な立案作業と計画作成を実施し、特定期間における活動の指針を示す。ただし、IAP よりは戦略的なものになるのが一般的である。

５．管理可能な統制範囲［Manageable Span of Control］

適切な統制範囲を維持することは、効果的かつ効率的なインシデント・マネジメントのオペレーション確保に役立つ。それにより、管理者は部下を指揮・監督する、そしてコントロール下にあるすべての資源に関する情報交換や管理が可能になる。インシデントのタイプ、タスクの性質、ハザードおよび安全因子、監督者・部下の経験、部下・監督者間の通信アクセスといったすべての要因が管理可能な統制範囲に影響を及ぼす。

管理可能な統制範囲（Manageable Span of Control）

インシデント・マネジメントの最適な統制範囲は1名の監督者に対して5名の部下である；しかし、効果的なインシデント・マネジメントは、これとかなり異なる比率を要する場合が多い。1：5の比率はガイドラインであり、インシデント要員は既知のインシデントまたは EOC アクティベーションに応じて、最善と判断する実際の監督者対部下の配分を決定する。

６．インシデント用の施設とロケーション

インシデントの規模や複雑さに応じて、インシデント指揮官／統合コマンド／ EOC ディレクターは多種多様な支援施設を設置し、インシデントに基づきその識別と位置を指示する。典型的な施設としては、インシデント指揮所（ICP）、インシデント・ベース、集結エリア、キャンプ、大量死傷者トリアージエリア、配布地点、緊急シェルターがある。

７．包括的な資源管理

資源には、配置／配分のために利用可能または潜在的に利用可能な要員

・装備・チーム・補給物資・施設がある。正確かつ最新の資源目録を維持することは、インシデント・マネジメントに不可欠な要素である。詳細については、この文書のセクションⅡ「資源管理」で説明している。

8．統合通信［Integrated Communications］

インシデント・レベルや EOC 内の指導者は、共通の通信計画、相互運用可能な通信プロセス、音声およびデータ・リンクを含むシステムの作成・使用を通じて、通信の促進をはかる。統合通信は、インシデント資源間での連絡を提供・維持し、様々なレベルの政府間での接続を可能にし、状況認識の達成、そして情報共有の促進をもたらす。インシデント前やその期間中の計画立案では、音声およびデータ通信の統合を達成するために必要な装備、システム、プロトコルに取り組む。詳細については、この文書のセクションⅣ「通信・情報管理」部で説明している。

9．指揮の形成と移管

インシデント指揮官／統合コマンドは、インシデントの開始段階で指揮機能を形成する。インシデントに第一義的責任を持つ管轄／組織は、現場で指揮および指揮移管のプロトコルを形成する責任者を指名する。指揮が移管されるとき、移管プロセスには、安全かつ効果的なオペレーションを継続するために不可欠な基本情報を把握するブリーフィングや、インシデントに関わるすべての要員への通知がある。

10．統合コマンド［Unified Command］

単独の管轄／機関／組織がインシデントを独力で管理するための主たる権限または資源を持たないとき、統合コマンドが形成される場合がある。統合コマンドに「コマンダー［指揮官］」はいない。その代わりに、統合コマンドは、共同で承認した目標によりインシデントを管理する。統合コマンドは、当該参加組織が重複・競合する権限、管轄の境界、資源所有権のような問題を取り除き、インシデントに関する明確なプライオリティや目標の設定に集中できるようになる。取り組みの統一という結果は、所有権または場所に関係なく、統合コマンドが資源を配置することを可能にする。統合コマンドは、各組織の権限、責任、または説明責任に影響を及ぼさない。

11. 指揮系統［Chain of Command］と指揮統一［Unity of Command］

指揮系統は、インシデント・マネジメント組織の階層内での秩序ある権限ラインを指す。指揮統一は、各個人が1人の人物にのみ報告することを意味している。これは報告関係を明確にし、複数の相反する命令によって引き起こされる混乱を減らす。それにより、すべてのレベルの指導者がその監督下にある要員を効果的に指揮できるようにする。

12. 説明責任［Accountability］

インシデント期間中、資源に関する実効的な説明責任が不可欠となる。インシデント要員は、説明責任の原則を忠実に守るべきであり、それにはチェックイン／チェックアウト、インシデント・アクション・プランの立案、指揮統一、個人責任、統制範囲、資源追跡が含まれる。

13. 派遣／展開［Dispatch/Deployment］

資源の展開は、該当する当局が既定の資源管理システムを通じて要請・派遣する時にのみ行われるべきである。受領者への負担や説明責任問題の悪化を避けるため、当局が要請していない資源の自主的な展開は慎むべきである。

14. 情報およびインテリジェンスの管理

インシデント・マネジメント組織は、インシデント関連の情報やインテリジェンス*5の収集・分析・評価・共有・管理に関するプロセスを形成する。情報・インテリジェンスの管理には情報主要素［essential elements of information］（EEI）の特定が含まれ、それにより要員が高精度かつ適切なデータを集め、有用な情報に変換し、適切な要員に伝達することが可能になる。詳細についてはこの文書のセクションⅣ「通信・情報管理」部で説明している。

B. インシデント・コマンド・システム［Incident Command System: ICS］

ICSは、現地でのインシデント・マネジメントに関する指揮・統制・調整の標準的なアプローチであり、複数組織の要員が効果を発揮できるように共通のヒエラルキーをもたらす。インシデント・マネジメントの組織構造を明確にし、手続き・要員・装備・施設・通信の組み合わせを統合・調整する。あらゆるインシデントで ICS を使用することは、取り組みを効果的に調整するために必要な技術を磨き、維持するのに役立つ。ICS は、政府のあらゆるレベルにおいて、また多くの NGO や民間セクターの組織でも使用されている。分野を越えて適用され、異なる組織のインシデント・マネージャーが途切れなく協力することを可能にする。このシステムには、5つの機能エリア：指揮［Command］、オペレーション［Operations］、計画立案［Planning］、後方支援［Logistics］、財務／行政［Finance ／ Administration］があり、ある特定のインシデントに対して、必要に応じた*6スタッフが配置される。

1．インシデント・コマンドと統合コマンド

インシデント・コマンドは、インシデントの総合的管理に関する責務を担う。単独のインシデント指揮官／統合コマンドは、インシデントにおける指揮機能を実施する。指揮・一般スタッフはインシデント・コマンドを支援して、インシデントのニーズに対応する。

単独のインシデント指揮官［Single Incident Commander］

インシデントが単独の管轄内で発生し、管轄または機能上の組織重複がない時、関係当局は単独のインシデント指揮官を指名し、その人物が総合的なインシデント・マネジメントを担当する。インシデント・マネジメントが管轄上または機能上の組織境界をまたぐケースもあるが、それでも様々な管轄・組織が同意して単独のインシデント指揮官を指名することができる。図３は、単独インシデント指揮官による ICS 組織の構成例を描いている。

統合コマンド［Unified Command］

統合コマンドは、複数管轄／複数組織のインシデント・マネジメントにおける取り組みの統一［Unity of Effort］を向上させる。統合コマンドの使用は、管轄や、インシデントに関する権限ないし機能上の責任を担う人々が、共通のインシデント目標、戦略、単一の IAP の形成を通じて、共同でインシデント活動を管理・指揮することを可能にする。とはいえ、各参

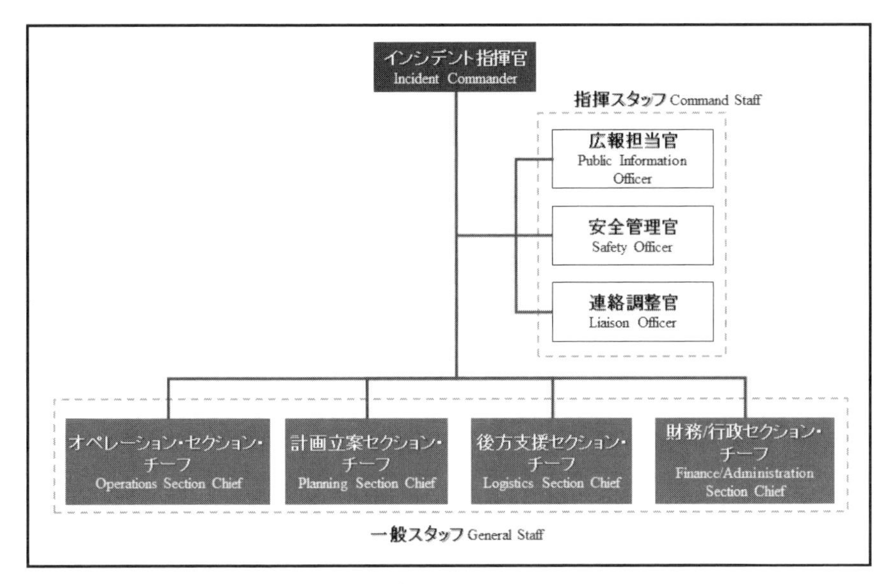

図3 単独のインシデント指揮官によるICS組織の例

加パートナーは、その要員や他の資源に関する権限・責務・説明責任を維持するとともに、統合コマンドの各メンバーは他のメンバーに逐次情報を提供する責任がある。

インシデント指揮官および統合コマンドの責務

単独のインシデント指揮官、または統合コマンドであるかに関係なく、指揮機能では以下のことを行う：

- インシデントに関する単独の ICP を形成する；
- 統合されたインシデント目標、プライオリティ、戦略ガイダンスを形成し、それらをオペレーション期間毎に更新していく；
- 現在のインシデントにおけるプライオリティに基づき、必要となる一般スタッフの各ポジションを担当する単独のセクション・チーフを選任する；
- 単一の資源発注システムを形成する；
- オペレーション期間毎に整理統合された IAP を承認する；
- 共同の意思決定や文書化のための手続きを形成する；
- 教訓およびベスト・プラクティスを捉える

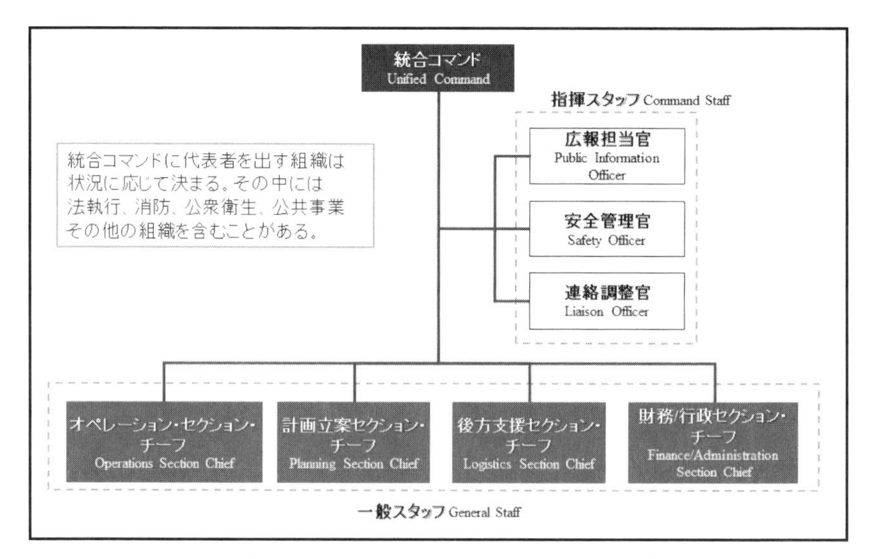

図4 統合コマンド（Unified Command）によるICS組織の例

単独のインシデント指揮官［Single Incident Commander］
および統合コマンド［Unified Command］

単独のインシデント指揮官：インシデント指揮官は、インシデント目標を形成する責任を（権限の範囲内で）単体で担うとともに、インシデント活動が目標を達成できるようにする責任がある。

統合コマンド：管轄／組織の権限により（もしくは単独管轄内の部門により）指定された人々が共同でプライオリティや目標を決定し、資源を配分する。そして、統合されたインシデント・オペレーションを実施できるようにするとともに、配置された資源の利用を最大化するために協力する。

統合コマンドの構成

統合コマンドの正確な構成は、インシデントの場所（例えばどの管轄または組織が関与するか）のような要素や、インシデントの性質（例えば関与している管轄（複数含む）または組織（複数含む）のどの機関が必要とされるか）のような要素に依存している。図４は、統合コマンド構造のサンプルを描いている。統合コマンドに参加している組織は、協調的プロセスを使用して、インシデントのプライオリティを形成・ランク付けを行い、インシデント目標を決定する。

インシデントに関わる機関／組織が管轄上の責任または権限を欠いている場合、協力組織もしくは補佐組織と呼ばれることになる。統合コマンドに代表を出すか、連絡調整官を経由するかに関係なく、あらゆる管轄／組織／機関の代表は、以下のものを含む機関特有の情報を伝達する責任がある：

- 法的権限と責任；
- 資源の利用可能性と能力；
- 制約・制限・懸案；
- 機関担当者間の合意および不同意の範囲

2．指揮スタッフ［Command Staff］

インシデント指揮官／統合コマンドは、指揮機能を支援する必要がある場合、指揮スタッフを配置する。指揮スタッフとしては、広報担当官［Public Information Officer］（PIO）、安全管理官［Safety Officer］、連絡調整官［Liaison Officer］が一般的であり、インシデント指揮官／統合コマンドに直接報告を行うとともに、必要に応じてアシスタントを持つ。インシデント指揮官／統合コマンドは必要に応じて追加のアドバイザーを任命することができる。

広報担当官［Public Information Officer］

PIO は、市民、メディア、またはインシデント関連情報のニーズを持つ他の機関と調整を行う。内外の聴衆のために、インシデントに関するアクセス可能で*7、有意義かつタイムリーな情報を収集・検証・調整・周知する。また、メディアやその他の広報源をモニターして、関連する情報を収集し、インシデント・マネジメント組織の該当する構成部署に情報を送る。様々な機関の PIO が関わるインシデントでは、インシデント指揮官／統合コマンドが1名を主任 PIO として指定する。PIO 全員が統一された手法で作業し、発言をそろえ、すべてのメッセージの一貫性を確保する必要がある。インシデント関連情報のリリースを承認するのは、インシデント指揮官／統合コマンドである。大規模インシデントの場合、PIO は統合情報センター（JIC）に参加、または主導する。

安全管理官［Safety Officer］

安全管理官は、インシデント・オペレーションをモニターし、インシデント要員の健康および安全に関する問題について、インシデント指揮官／統合コマンドに助言する。インシデント・マネジメントの安全な実施に関する最終的責任は、インシデント指揮官／統合コマンドや全レベルの監督者にある。安全管理官は、インシデント指揮官／統合コマンドに対して危険性物質の評価・伝達・軽減のために必要なシステムおよび手続きの形成を担当する。これには、インシデント安全計画の作成・維持、組織間の安全事業の調整、インシデント要員やインシデント現場の安全推進措置の実施が含まれる。安全管理官はインシデント期間中に安全でない行為を停止または防止する。安全管理に関する共同の取り組みに寄与する機関／組織／管轄は、彼ら独自のプログラム・政策・要員に関する責務または権限を失うことはない。むしろ、それぞれがインシデントに関わるすべての要員を守る包括的な取り組みに寄与する。

連絡調整官［Liaison Officer］

連絡調整官は、統合コマンドに含まれていない政府機関、管轄、NGO、民間セクター組織の代表者に対するインシデント・コマンドの連絡窓口である。これらの代表は、連絡調整官を通じて各機関／組織／管轄の政策、資源の利用可能性、その他のインシデント関連の問題について情報を提供する。単独のインシデント指揮官／統合コマンドのいずれかの下、補佐または協力を行う管轄や組織の代表は、連絡調整官を通じて調整を行う。連絡調整官はアシスタントを持つことができる。

指揮スタッフの追加ポジション

インシデント、そしてインシデント・コマンドにより形成された具体的要件に応じて、指揮スタッフの追加ポジションが必要になる場合がある。インシデント指揮官／統合コマンドは、指揮アドバイザーとしての役割を果たす技術スペシャリストを任命することができる。指揮スタッフのアドバイザーは、アドバイザーとしての立場で勤務しており、インシデント活動を指揮する権限がないことから、担当官達とは区別される。

３. 一般スタッフ［General Staff］

一般スタッフは、オペレーション、計画立案、後方支援、財務／行政の各セクションのチーフ達で構成される。これらの人々は、インシデント・コマンド構造の機能面を担当する。インシデント指揮官／統合コマンドは、必要に応じてこれらのセクション・チーフをアクティベート［起動］する。これらの機能は、セクション・チーフが配置されるまで、インシデント指揮官／統合コマンドに初期配置されている。セクション・チーフは、必要に応じて1名以上の代理［deputy］を置くことができる。セクションについては以下でより詳細に説明する。

オペレーション・セクション［Operations Section］

インシデント指揮官／統合コマンドは、最新のインシデントのプライオリティに基づいてオペレーション・セクションのチーフを選び、インシデントの進展に応じて定期的にその選択を再検討すべきである。オペレーション・セクションの要員は、インシデント指揮官／統合コマンドによって形成されたインシデント目標を達成するために戦術的活動を計画・実施する。通常、目標は人命救助、目下のハザードの低減、財産および環境の保護、状況コントロールの形成、通常業務の回復に焦点が置かれる。

インシデント・オペレーションは、多くの方法で組織化され、実施される。同セクション・チーフは、インシデントの性質や範囲、関連する管轄・組織、インシデントのプライオリティ、目標、戦略に基づいてセクションを組織化する。オペレーション・セクション要員の主要な機能としては以下のものが含まれる：

- インシデント指揮官／統合コマンドのために戦術活動のオペレーションを指揮する；
- インシデント目標を達成するために戦略および戦術を作成・実施する；
- オペレーション・セクションを組織し、インシデントのニーズに最善な形で対応する。そして、管理可能な統制範囲を維持し、資源の使用を最適化する；
- 各オペレーション期間の IAP 作成を支援する

計画立案セクション［Planning Section］

計画立案セクションの要員は、インシデント指揮官／統合コマンドやその他のインシデント要員のために、インシデントの状況情報を収集・評価・周知する。このセクション内のスタッフは、ステータス・レポートの準備、状況情報の表示、配置資源ステータスの維持、インシデント・アクション・プランの立案プロセスの促進を行う。そして、その他のセクションや指揮スタッフからのインプットや、インシデント指揮官／統合コマンドからのガイダンスに基づいてIAPの準備を行う。

計画立案セクションのその他の主要機能には、以下のものが含まれる：

- ✺ インシデント計画の立案会議を促進；
- ✺ 資源ステータスおよび予想される資源ニーズを記録；
- ✺ インシデントのステータス情報の収集・整理・表示・発信。さらに変化する状況を分析；
- ✺ インシデント資源の秩序ある安全で効率的な動員解除に向けて計画を立案；
- ✺ インシデント文書すべての収集、記録、保護

後方支援セクション［Logistics Section］

後方支援セクションの要員は、資源発注を含む効果的かつ効率的なインシデント・マネジメントのためにサービスおよび支援を提供する。このセクションのスタッフは、施設、(インシデント・コマンド施設および要員の)安全、輸送、補給、装備メンテナンス・給油、食料サービス、通信・IT支援、インシデント要員向けの医療サービスを提供する。後方支援セクション要員の主要な機能には、以下のものが含まれる：

- ✺ インシデント関連資源の発注、受け入れ、備蓄／保管、処理；
- ✺ インシデント期間中の地上輸送の提供、車両の維持・提供、車両使用記録の維持、インシデント交通計画の作成；
- ✺ インシデント施設のセットアップ、維持、安全確保、解除；
- ✺ 食料・飲料ニーズの確定。食料の発注、調理施設の提供、食料サービス・エリアの維持、食料保安・安全の維持（安全管理官と連携）を含む；
- ✺ インシデント通信計画を維持するとともに、通信・IT 装備を調達、セットアップ、支給、維持、会計処理を行う；

✺ インシデント要員への医療サービスの提供

財務／行政セクション［Finance/Administration Section］
インシデント指揮官／統合コマンドは、インシデント・マネジメント活動が現地またはインシデント特有の財務／行政支援サービスを伴うとき、財務／行政セクションを設置する。財務／行政スタッフの責務には、要員時間の記録、リース交渉・ベンダー契約の維持、クレームの管理、インシデント費用の追跡・分析が含まれる。もしインシデント指揮官／統合コマンドがこのセクションを設置する場合、スタッフは計画立案セクションや後方支援セクションと緊密に調整し、オペレーション記録と財政文書が合致するようにすべきである。

財務／行政セクションのスタッフは、複数源からの財政支援を伴う大規模で複雑なインシデントにおける ICS の重要基本機能を支援する。複数の資金源をモニタリングすることに加え、インシデントの進捗に応じて発生主義原価を追跡・報告する。

これによりインシデント指揮官／統合コマンドがニーズを予測し、必要に応じて追加の予算を要請することが可能になる。財務／行政セクション要員の主要な機能には、以下のものが含まれる：
✺ コスト追跡、コスト・データの分析、見積もり作成、そしてコスト節約措置の勧告を行う；
✺ インシデントでの財産ダメージ、対応従事者の負傷、または死亡に由来する財政上の懸念を分析、報告、記録する；
✺ リースやベンダー契約に関する財政問題を管理する；
✺ 分析や意思決定のために管理データベースやスプレッドシートを管理する；
✺ インシデント要員やリースした装備の時間を記録する

インテリジェンス／調査機能［Intelligence/Investigations Function］
インシデント関連情報の収集・分析・共有は、すべてのインシデントにとって重要な活動である。通常、計画立案セクションにはオペレーション情報の収集・分析や状況認識の共有に関する責任があり、オペレーション

・セクションのスタッフには戦術的活動の実施に責任がある。とはいえ、いくつかのインシデントでは、集中的な情報収集や捜査活動が伴う。そのようなインシデントに対して、インシデント指揮官／統合コマンドは、インシデントに関するニーズを満たすため、インテリジェンスおよび調査の責務を再設定する場合がある。このようなことが起きるのは、インシデントが犯罪またはテロリストの行為、あるいは疫学的調査など法執行関係ではないその他のインテリジェンス／調査活動に関係している場合である。

インテリジェンス／調査機能の目的は、それらに関するオペレーションや活動が以下のために適切に管理・調整されるようにすることである。

- ✺ 潜在的な非合法活動、インシデント、攻撃を防止または抑止する；
- ✺ 情報、インテリジェンス、状況認識を収集・処理・分析・保護・周知する；
- ✺ 証拠または被検査物を特定し、文書化・処理・収集するとともに、分析過程の管理を形成する。さらに、証拠または被検査物の保護、調査・分析、保管も行う；
- ✺ 完全かつ包括的な調査を実施し、犯人の特定および検挙へ導く；
- ✺ 行方不明者および大規模致死／死亡に関する調査を実施する；
- ✺ 将来の攻撃または影響のエスカレート防止を支援することで、対応要員すべての安全・セキュリティなど人命保護オペレーションに関する情報を提供し、支援する；
- ✺ 進行中のインシデント（例えば疾病の発生／火災／複雑で調整された攻撃／サイバー・インシデント）の影響をコントロールする、または類似インシデントの発生防止を促進するため、その根源ないし原因を究明する

インシデント指揮官／統合コマンドは、指揮構造内のインテリジェンス／調査機能の範囲や配置に関して最終決定を行う。配置オプションについては、附則 A Tab 6 インテリジェンス／調査機能で説明している。

４．ICS 施設の共通タイプ

インシデント指揮官／統合コマンドは、インシデント・エリア内および周辺に施設を設置し、インシデント・マネジメント機能を収容ないし支援する。インシデント指揮官／統合コマンドは、インシデントのニーズに基

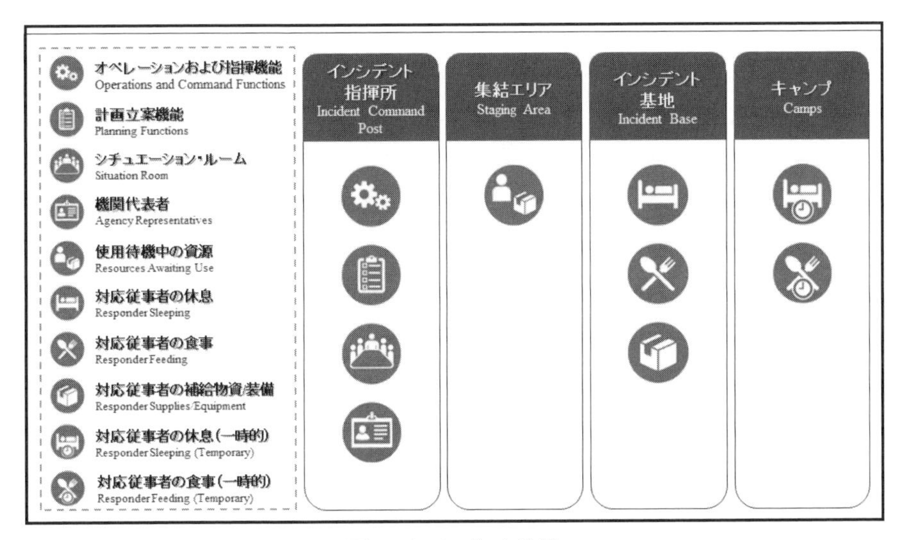

図5 インシデント施設

づいて施設の種類や場所を決定する。共通の ICS 施設は以下で説明し、図５で例示している。

インシデント指揮所［Incident Command Post］

ICP は、戦術レベルを担当する現地インシデント・コマンド組織の所在地である。この場所には、通常、インシデント指揮官／統合コマンドや、指揮・一般スタッフが収容されるが、その他の指定されたインシデント要員を含むことがある。一般的に、ICP はインシデント現場の近くに配置され、そこで現地の戦術指揮機能が実施される。要員は、ICP でインシデント計画の立案を行う。また、インシデント指揮官／統合コマンドは、この場所に現場通信センターを設置することができる。

集結エリア［Staging Areas］

オペレーション・セクションのチーフは、資源を配置し追跡するために集結エリアを設置することができる。集結エリアは、いかなる場所にも設置が可能で、そこで要員・補給物資・装備は割り当てを待つ。集結エリアには、一時的な給食・燃料補給・公衆衛生サービスを含めることができる。オペレーション・セクションのチーフは、各集結エリアにマネージャーを配置する。マネージャーは、すべての到着する資源を記録し、セクション・チーフの要請で資源を送り出すとともに、必要に応じて集結エリアの資源に関して後方支援セクションに支援を要請する。

インシデント基地［Incident Base］

インシデント基地は主要な支援活動を収容する拠点である。インシデント指揮官／統合コマンドは、装備や要員支援オペレーションを収容するため、インシデント基地を設置する。インシデント基地は、ICP と共同設置する場合がある。

キャンプ［Camps］

キャンプは、現場拠点のサテライトであり、インシデント・オペレーションに対して最善の支援を行うことができる場所に設置される。食料・就寝エリア・公衆衛生などの支援を提供し、さらに装備の簡易的なメンテナンスや修理を提供する。変化するオペレーション上のニーズに対応するため、キャンプは必要に応じて移転する。

5．インシデント・マネジメント・チーム［Incident Management Team］

IMT には、ICS 資格要件を満たす要員のグループが登録されており、インシデント指揮官、その他のインシデント指導者、重要な ICS ポジションに就く資格のあるその他の要員で構成される。IMT は、地方・地域・州・部族・国家レベルで存在し、正式な通知・展開・オペレーション手続きを整備する。これらのチームは、チーム・メンバーの資格に基づいてタイプ分けされ、インシデントを管理する、またはインシデント関連のタスク／機能の支援を達成するための任務を受ける。インシデントを管理す

権限委任［Delegation of Authority］

権限委任とは、公認された管轄／組織の当局者がインシデント指揮官に当該委任を行うことを示す声明である。インシデント指揮官に明確な責務と権限を委ねる。権限委任では、プライオリティ、予想、制約、その他の留意事項／ガイドラインを示すことが一般的である。多くの機関は、権限委任を行う当局に対して、インシデント指揮官が指揮を担当可能になる前に書式で権限委任するよう求めている。

るため、またはインシデント関連のタスク／機能を支援する任務を受けたとき、IMT は影響を受けた管轄／組織の代理として活動するための権限を委ねられるのが一般的である。

インシデント・マネジメント補佐チーム
［Incident Management Assistant Teams］

一部の IMT は、現場要員または影響を受けた管轄（複数含む）の支援を行うことを明確にするため、インシデント・マネジメント補佐チーム（IMAT）と呼ばれることがある。IMAT は、特定の対応・復旧事業（例えば州／連邦資産の使用）に関する指揮・統制を行うことができる。地方／州／部族政府の代表とともに統合コマンド／統合調整グループ＊8に参加することを通じて、地方のプライオリティに沿った活動を行えるようにする。IMAT は、政府の様々なレベルや民間セクター内に存在する。誰が IMAT またはその特定ミッションを有しているかに関係なく、IMAT は ICS の原則および慣行を用いて活動する。

例えば、FEMA の IMAT は、インシデントまたはインシデントの脅威を受けている現地に展開し、連邦による援助の特定と提供を助け、影響を受けた州または部族を支援するため、管轄間の対応を調整・統合する。インシデントにおける連邦政府の早期プレゼンスを実現し、FEMA の対応能力を既存の緊急事態管理機能の一群の中に統合する。

6．インシデント・コンプレックス［Incident Complex］：単独ICS組織内での複数インシデント・マネジメント

インシデント・コンプレックスは、同じ一般エリア内にある2つ以上の個別インシデントで、単独のインシデント指揮官／統合コマンドに割り当てられているものを指している。関係当局が複数インシデントに対してインシデント・コンプレックスを設置するとき、それらのインシデントは、インシデント・コンプレックスのオペレーション・セクション内におけるブランチないしディビジョンになる。このアプローチは、将来的な拡張の潜在性を提示している。コンプレックス内のインシデントのいずれかが大規模インシデントになる可能性がある場合、そのインシデントは独自の ICS 組織を個別のインシデントにすべきである。

インシデント・コンプレックスは、林野火災において複数の火災が相互に近接した範囲内で発生する時に使用される。インシデント・コンプレックスは、単独のインシデント指揮官または統合コマンドによって管理することができる。以下がインシデント・コンプレックス使用の指標である：

- ✺ 指揮および一般スタッフで十分にオペレーション、計画立案、後方支援、財務／行政活動を提供できる場合；
- ✺ 管理アプローチの一元化が、スタッフまたは後方支援の節約を実現する可能性が高い場合。

7．エリア・コマンド［Area Command］

エリア・コマンドは、複数同時発生のインシデント、または複数のICS組織の設置を要する非常に複雑なインシデントを監督するために設置される。エリア・コマンドは、インシデントの複雑性およびインシデント・マネジメントの統制範囲の配慮に基づき、複数 ICP 間の資源の競合に対処するためにアクティベートされる。エリア・コマンドを伴うインシデントの範囲や、管轄をまたぐオペレーションの可能性により、エリア・コマンドはしばしば統合エリア・コマンドとして設置される場合があり、統合コマンドと同様の原則の下で作業する。

エリア・コマンドの責務には以下のものが含まれる：

- ✺ 影響を受けたエリアに関して広義の目標を作成する；
- ✺ インシデント毎に目標や戦略の作成を調整する；
- ✺ プライオリティの変化に応じた資源の配置または再配置を行う；
- ✺ インシデント指揮官／統合コマンドが適切なインシデント・マネジメントを確実に行えるようにする；
- ✺ 効果的な通信およびデータ調整を確実に行えるようにする；
- ✺ インシデント目標が満たされるとともに、相互に対立、または機関の政策と対立しないようにする；
- ✺ 不足資源に対するニーズの特定、そしてそのニーズを機関の長に直接報告、またはMACグループかEOCを通じて報告する；
- ✺ インシデントが復旧面を伴う場合、短期復旧に関して EOC スタッフと調整を行い、長期の復旧オペレーションの移行に資するようにする

エリア・コマンドは、特に複数の ICP が類似の不足資源を要求している状況と関連してくる。異なるタイプの、あるいは類似の資源ニーズがないインシデントでは、通常、個別のインシデントとして処理する。EOC または MAC グループのような追加の調整構造は、複数インシデントに関する資源ニーズの調整で役立ちうる。以下のセクションでは、これらの構造について説明する。図 6 は、エリア・コマンドと MAC グループや EOC との関係を描いている。

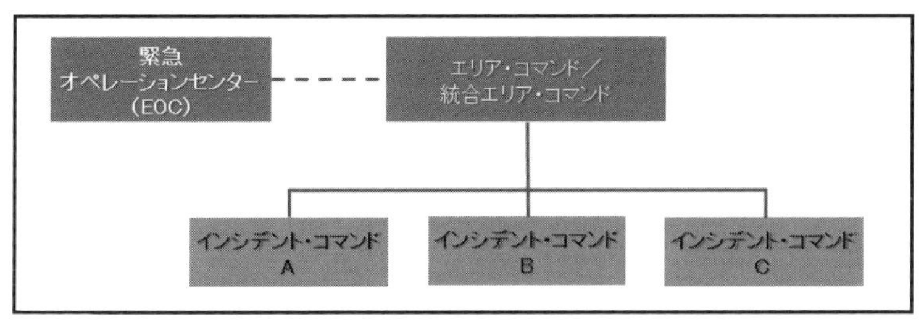

図6 エリア・コマンドの例

エリア・コマンド、EOC、MAC グループとの関係

エリア・コマンドは複数インシデントの管理を監督するのに対し、EOC は支援の調整を行う。MAC グループはエリア・コマンドや EOC に政策ガイダンスや戦略的方向性を示す。

C．緊急事態オペレーション・センター

［Emergency Oprration Centers: EOC］

全米の管轄・組織は、緊急事態管理プログラムにおける重要な要素として、EOC を使用している。EOC は、通常複数機関のスタッフが協力して目下の脅威やハザードに取り組み、インシデント・コマンド、現地要員、またはその他の EOC に対して組織的支援を提供する場所である。固定されたロケーション、仮設、あるいは遠隔参加のスタッフを持つ仮想構造になる場合がある。

EOC に配置するチームの目的・権限・構成は多様であるが、通常、チームは情報の集約・交換、意思決定の支援、資源の調整、現地やその他の

EOC 要員と連絡を行う。EOC の要員は、ICP のスタッフ、ICP に属していない現場要員（例えば、がれき除去の実施、またはシェルター管理を行っている要員）、別の EOC のスタッフ（例えば、地方 EOC のスタッフと連絡をとる州 EOC のスタッフ）を支援することができる。

EOC スタッフは、緊急シェルターまたは配布ポイントのような特定オペレーションを管理することによって、現場インシデント要員と負担を共有することができる。大雪緊急事態のような現地インシデント・コマンドが設置されないとき、EOC 内のスタッフが戦術的オペレーションの指揮をとることも可能である。最終的には、複数の地理的に離れたインシデントまたは活動の取り組みを EOC スタッフが調整することができる。場合によっては、EOC 内でインシデント指揮官／統合コマンドが実施されることがある。

管轄／組織は、EOC スタッフをアクティベートすることにより、予防・防護活動の支援を行うとともに、管轄／組織がすでに展開した資源を補充するための資源を探すこともある。

EOC スタッフの主な機能は、仮想上か物理的かに関係なく、以下のものが含まれる：

- 情報の収集・分析・共有を行う；
- 配置・追跡を含め、資源のニーズや要請を支援する；
- 計画を調整し、現在・将来のニーズを決定する；
- 場合によっては、調整や政策指示を行う

機関［agencies］や部門［department］もオペレーションセンターを有する。しかし、これらの組織特有のオペレーションセンターは、複数分野*9からなる EOC とは異なる。部門オペレーションセンター［Departmental Operations Center］（DOC）のスタッフは、彼らの機関または部門の活動を調整する。他の組織や EOC と連絡をとり、他の機関と調整を行うことがある一方、DOC スタッフは主として内部志向であり、彼ら自身の資産やオペレーションの指示に集中している。NIMS で扱う EOC は、DOC と異なり、本質的に複数分野にわたる活動である。

EOC で様々な関係者やパートナー組織の代表が集まることは、取り組みの統一［unity of effort］を最適化する。そして、スタッフが情報を共有し、現地要員に法的・政策的ガイダンスを示すとともに、偶発事態に備えた計画を立てることを可能にする。また、効率的に資源を展開し、どのような支援が求められても概ね提供することができるようになる。EOC にどの組織が代表を置くかの決定は、緊急事態オペレーション計画の立案プロセスの間に済ませておく必要がある。考慮すべき要素としては、様々な組織の権限・責任、組織が保有またはアクセス可能な資源・情報、組織の専門性や関係性などである。また、EOC チームの構成は、インシデントまたは状況の性質や複雑性に応じて変化する可能性がある。

どの組織が代表を置いているかに関係なく、すべての EOC チームは知事、部族長、市長、市管理官のような公選／任命職の監督を受ける。これらの人々は EOC に出席することもあるが、多くの場合、公式の政策グループの一部として、または個々に別の場所から指示を出す。通常、彼らはプライオリティに関する決定や、緊急事態宣言、大規模避難、大規模な緊急支出へのアクセス、命令や規制の一時停止、希少資源宣言などの問題に関する決定を行う。

1．EOC スタッフの組織

EOC チームは変化に富む。EOC 内のスタッフを組織する方法の決定は、管轄／組織の権限、スタッフ配置、代表を出すパートナーや関係機関、EOC の物理的施設、通信能力、政治的配慮などいった要素に依存しており、中でもミッションに大きく左右される。

EOC スタッフは、どのように組織されるかに関係なく、NIMS の管理特徴に即して活動する必要がある。

以下のセクションでは、EOC チームの編成に関する3つの共通点を説明する。各構造に関する詳細な情報は、附則 B EOC 組織において示している。

モジュール式の EOC 組織

モジュール組織［modular organization］という NIMS の管理上の特徴は、スタッフが配置されていない配下のポジションの機能についてはリーダーが担当するということを示唆している。

この管理特徴は、EOC にも当てはまる。スタッフ配置とスペースが限定されている EOC においては、担当者が EOC ディレクターの責務だけでなく、他の EOC チームのメンバーの職務を、そのポジションにスタッフが配置されない限り、もしくは配置されるまで担う可能性がある。

ICS ないし ICS 類似の構造［ICS-like Structure］

多くの管轄／組織は、標準的な ICS の組織構造を使用して彼らの EOC を構成する。その構造は、多くの人が慣れ親しんでおり、現場のインシデント組織と合致している。一部の管轄／組織は、標準的な ICS の組織構造を使用するものの、特定の職位を修正して ICS 類似の組織を形成することにより、EOC の機能と現場のカウンターパートを区分する。図７は、そのような構造の例を描いている。

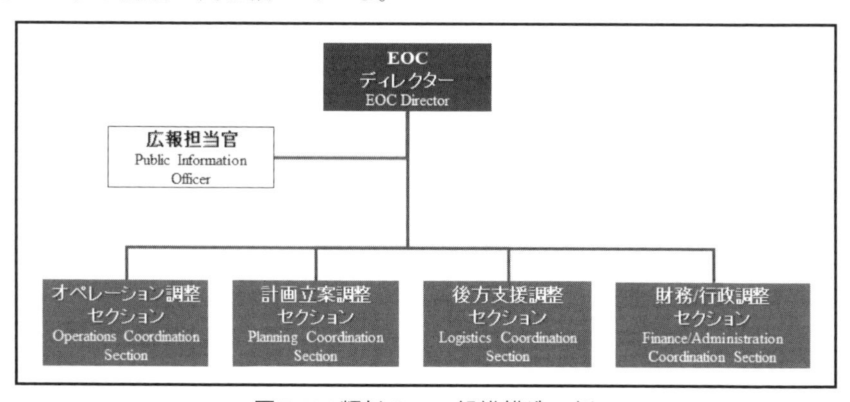

図7 ICS類似のEOC組織構造の例

インシデント支援モデル（ISM）の構造
［Incident Support Model（ISM）Structure］

EOC チームの情報、計画立案、資源支援の取り組みを重視する管轄／組織は、図８で示すように、計画立案から状況認識機能を分離させ、オペレーションおよび後方支援の機能をインシデント支援構造に一元化するこ

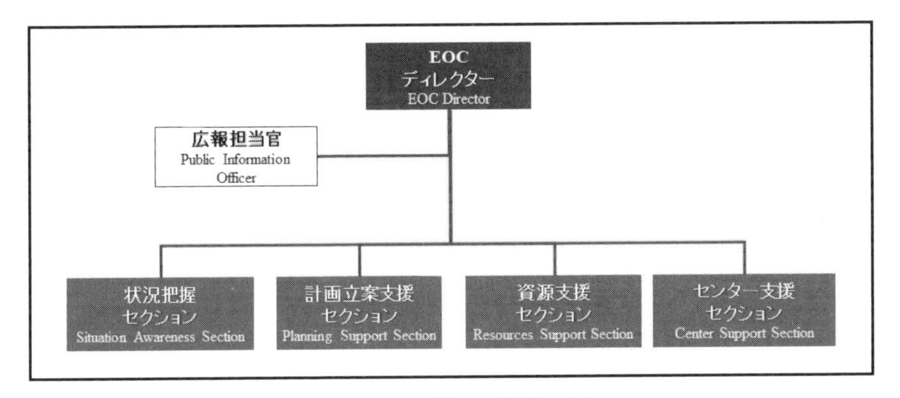

図8 ISM型EOC構造の例

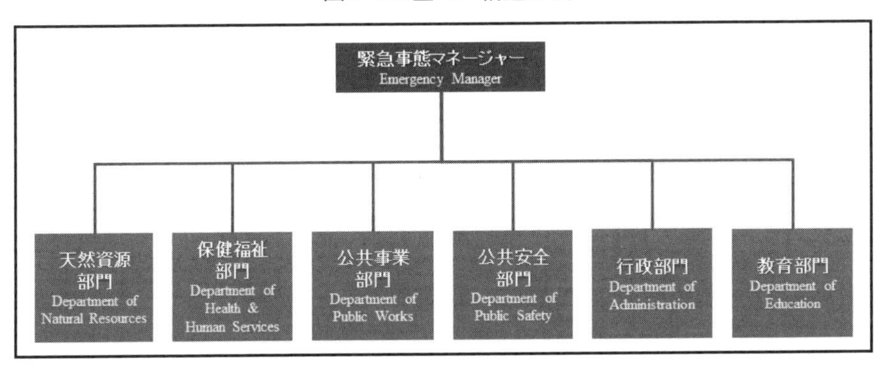

図9 部門型EOC構造の例

とを選ぶことができる。この組織では、EOC ディレクターが状況認識／情報管理を行う人々と直接コンタクトを取れるようにするとともに、資源の調達・発注、追跡を簡素化する。

部門型構造［Departmental Structure］

管轄／組織は、代替策として、EOC 内で彼らの日常的な部門／機関の構造や関係性を用いることを選ぶことができる。通常の関係性に即して活動することにより、部門／組織の代表達は EOC での機能を最小限の準備またはスタートアップ時間で行うことが可能になる。図９は、この種の EOC 組織の例を示している。この配置においては、組織の緊急事態管理マネージャー／上級職が各部門・機関間での EOC の取り組みを調整するのが一般的である。

2．EOC のアクティベーションとその解除

EOC は、管轄／組織／インシデント指揮官のニーズ；脅威の文脈；イベントの予想；インシデントへの対応、といった様々な理由からアクティベートされる。EOC アクティベーションの契機となる状況には、少なくとも以下のいずれかが含まれる：

✷ 1つ以上の管轄がインシデントに関わるようになる、またはインシデントが複数の機関に影響を及ぼす；
✷ インシデント指揮官／統合コマンドが、インシデントが急速に拡大する、カスケード効果を伴う、または追加資源が必要となる可能性があることを示す；
✷ 過去の類似インシデントが EOC のアクティベーションに至った；
✷ EOC ディレクター、または任命／公選職が EOC のアクティベートを命じる；
✷ インシデントが差し迫っている（例えばハリケーン警告、ゆっくりとした川の氾濫、危険気象の予測、段階的に高まる脅威レベル）；
✷ 緊急事態オペレーション計画に記載されている閾値イベント［Threshold events］の発生；
✷ 市民への深刻な影響が予想される

多くの場合、EOC は複数のアクティベーション・レベルを有しており、規模に応じた対応、必要とされる資源の発送、インシデントに見合った一定の調整を行うことができる。

通常オペレーションまたは定常時

通常オペレーション（定常時）の間、緊急事態管理要員は潜在的脅威やハザードのモニタリングおよび評価；他の部門や機関との定期的および継続中の調整を実施；計画・訓練・演習の作成および実施；施設・装備の維持、によってオペレーション上の即応性を維持する。

アクティベーション・レベル［Activation Levels］

多くの場合、EOC 内の活動レベルはインシデントの規模・範囲・複雑さの拡大に応じて上昇する。もしインシデント・マネジメントの取り組みが追加の支援・調整を必要とする場合、EOC ディレクターは追加スタッフをアクティベートすることができ、多くの分野を引き込み、追加の資源を動員する。そして、市民への情報提供、メディアの問い合わせ処理を行う。さらに、上級の公選職・任命職を参加させ、外部の援助を要請する。

緊急事態オペレーション計画は、多くの場合、特定のハザードやアクティベーション・レベルに対してどの組織または要員が EOC に入るかなど、彼らの EOC のアクティベーション・レベルを特定している。EOC 要員は、彼らの管轄／組織外への連絡のため、表２でリスト化した NIMS の標準的なアクティベーション・レベルのタイトルを使用する必要がある。また、一部の組織では、内部連絡のために、アクティベーション・レベルに関して番号またはカラー指定を使用することがある。番号が使用されるときは、降順番号がより高次のアクティベーション・レベルを意味する（例えば、完全立ち上げはレベル１になる）という NIMS 標準のアプローチを反映すべきだ。

表２は、アクティベーション・レベルのリストであり、該当するレベルを決定する際の基準を併記している。これらのいずれのレベルも、直接対

表2 EOCのアクティベーション・レベル

立ち上げレベル	説　明
3　通常オペレーション／定常時	●インシデント、または明確なリスクやハザードが特定されていない時で、EOCにとって通常の活動が行われる。 ●定期的な監視および警報活動（EOCが通常この機能を有する場合）。
2　定常時の強化／部分的アクティベーション	●特定のEOCチームのメンバー／組織が、確実な脅威／リスク／ハザードをモニターするため、または新規のインシデントや潜在的に進化するインシデントへの対応を支援するためにアクティベートされる。
1　完全アクティベーション	●すべての補佐機関の要員を含むEOCチームがアクティベートされ、大規模インシデントまたは確実な脅威への対応を支援する。

面する要員のみならず仮想上で調整を行う現地外の要員にも影響を及ぼす可能性がある。

アクティベーション解除（Deactivation）

EOC ディレクターは、状況に応じて EOC スタッフのアクティベーションを解除し、EOC は通常オペレーション／定常時の状態に戻る。通常、アクティベーション解除は、インシデントが EOC スタッフによって提供された支援調整機能をすでに必要としない、あるいはそれらの機能が個々の組織または定常時の調整メカニズムによって管理できる時に行われる。EOC 指導者は、ミッションのニーズに応じてアクティベーション解除を段階的に行うことができる。EOC スタッフは、資源の動員解除を完了し、アクティベーション解除前に進行中のあらゆるインシデント支援／復旧活動を移管する。EOC の計画者は、アクティベーション解除計画を立案するプロセスの一部として、アフター・アクション・レビューや改善計画の立案を含めるのが一般的である。

D．多機関調整グループ（MAC グループ）

MAC［Multiagency Coordination Group］グループは、NIMS の中で、現地の外に置かれるインシデント・マネジメント構造を構成するものであり、政策グループと呼ばれることもある。同グループは、関係機関／組織の代表で構成され、多組織間の決定を協調的に行うために設置・組織化される。インシデント期間中には、政策レベルの組織として活動し、資源のプライオリティ付けや配置を支援する。そして、公選・任命職やインシデント・マネジメントを担当する人々（例えば、インシデント指揮官）が共同で意思決定を行うことができる。場合によっては、EOC スタッフもこの活動を実行する。

通常、MAC グループは機関の長、幹部、または彼らの被指名者で構成される。あらゆるレベル（例えば地方／州／部族／連邦）、またはあらゆる分野（例えば緊急事態管理／公衆衛生／重要インフラ／民間セクター）内の組織が MAC グループを設置することができる。一部の管轄では、地方の法律または政策により、MAC グループが追加資源の認可を出す、あるいは

EOC スタッフないしインシデント・コマンドに対して指導を行うよう求めている場合がある。

MAC グループは、主として資源のプライオリティ付けや配分を担当する。統合コマンドと異なり、彼らはインシデント・コマンドの機能を行わないし、オペレーション・調整・派遣組織に関する主要機能を代替することもない。資源の競合が深刻であるとき、MAC グループは、調整および派遣組織をプライオリティ付けや配分の責務から解放することができる。

MAC グループの構成は重要である。メンバー資格は時として明白であり、直接影響を受けている組織や、その資源がインシデントに関わっている場合には、代表を置く必要がある。とはいえ、MAC グループのメンバーであるべき組織が明白でないこともある。地方の商工会議所のようなビジネス組織、全米赤十字社のようなボランティア組織、特別な専門性または知識を有するその他の組織などがある。これらの組織による有形の資源または資金による貢献はないかもしれない一方で、彼らの関係性／政治的影響力／技術的専門性はインシデント対応・復旧を支援する際の MAC グループの成功にとって重要になる可能性がある。MAC グループの被指名者がインシデント活動のために機関の資源や資金を代表または委任するためには、それぞれの組織の認可を得る必要がある。MAC グループは、メンバーのコンセンサスに基づいて彼らの決定を行うのが一般的である。多くのケースでは、仮想上で機能することもある。

公選・任命職は、インシデント・マネジメントで重要なプレイヤーである。彼らは、選挙区の安全や福祉、そしてインシデント・マネジメントの取り組みの有効性全般に関して責任がある。例えば、知事、部族長、市長、市マネージャー、郡コミッショナーは、インシデント・マネジメントにおける政策レベルを構成し、インシデント対応・復旧に対処するためのプライオリティや戦略に関するガイダンスを示すのが一般的である。EOC 内や現地で作業するインシデント要員は、状況、資源ニーズ、その他の関連情報に関して公選・任命職に逐次報告する責任を共有している。インシデント要員と政策レベル当局者間の効果的なコミュニケーションは、信頼を醸成するとともに、すべての指導者が決定を行うために必要な情報を確保するのに役立つ。MAC グループは、政策レベルの高官を編成する方法を示すことにより、当該上級レベルでの取り組みの統一を向上させる。

MAC グループは、行政上または後方支援上のサポートを必要とすることがある。場合によっては、EOC のスタッフがこの支援を提供する。他方で、個別の組織が設置され、後方支援や文書化のニーズへの対応；重要資源の追跡、状況ステータス、捜査情報のようなインシデント関連の意思決定を支える情報の管理；ニュース・メディアや市民への広報を行うことにより、MAC グループを支援する。

E．統合情報システム［Joint Informatton System: JIS］

市民に対して、タイムリーかつ正確、アクセス可能で実用的な情報を発信することは、インシデント・マネジメントのすべての局面において重要である。あらゆる政府レベルで、多くの機関や組織が、広報を形成・共有する。各管轄・組織は、市民が一貫性のある包括的なメッセージを受け取れるようにするため、通信事業を調整・統合する。JIS は、市民、インシデント要員、メディア、その他の関係者向けの通信を可能にするためのプロセス・手続き・ツールで構成される。

JIS は、インシデント情報および広報業務を包括的な組織に統合し、インシデントの前後およびその期間中に調整を行い、かつ完全な情報を提供する。JIS のミッションは、以下のための構造とシステムを提供することにある：

✺ 調整された組織間メッセージの作成・配布；
✺ インシデント指揮官／統合コマンド、EOC ディレクター、または MAC グループの広報計画や戦略の作成・勧告・実施を行う；
✺ インシデント・マネジメントの取り組みに影響を及ぼす可能性のある広報業務の問題に関してインシデント指揮官／統合コマンド、MAC グループ、EOC ディレクターに助言する；
✺ 市民の信頼を損ないかねない風評や不正確な情報への対処・管理を行う

JIS は、インシデント・マネジメントの3つのレベル（現地／戦術、センター／調整、政策／戦略）を縦断し、全インシデント要員間での協調的な伝達を補助する。

１．システムの説明と構成要素

広報のプロセスには、インシデントの前に調整され、広報を行うために使用される計画・プロトコル・手続き・構造が含まれる。あらゆる政府レベルの PIO や、民間・非営利セクターおよび統合情報センター（JIC）内にいる PIO は、JIS の重要な支援部隊［eletments］である。JIS の主な要素には以下のものがある：

✺ 組織間の調整および統合；
✺ 一貫性のあるメッセージの収集・検証・調整・発信；
✺ 意思決定者のための広報業務支援；
✺ 柔軟性、モジュール式、順応性

広報担当官［Public Information Officer］

PIO は、ICS および EOC 組織の主要メンバーであり、MAC グループにいる上級職と緊密な調整を頻繁に行う。PIO のポジションが ICP や支援 EOC の両方に配置される場合、予め決められた JIS プロトコルを通じて、PIO 同士で緊密な連絡を維持する。インシデント・マネジメントに関する広報事項について、PIO はインシデント指揮官／統合コマンド／EOC ディレクターに対して助言を行う。さらに、PIO は、メディア・市民・公選職からの問い合わせ；広報および警告；風評モニタリングと対応；メディア関係；正確かつアクセス可能でタイムリーな情報の収集・検証・調整・発信のために必要とされるその他の機能、を処理する。公衆衛生、安全、防護に関する情報は特に重要である。また、PIO は、メディアやその他の広報源をモニターし、インシデント／ EOC ／ MAC グループの該当する要員に関連情報を伝達する。

PIO は、以下に関して協力することにより、調整された一貫性のあるメッセージを作成する：

✺ 市民に伝えられるべき重要情報を特定する；
✺ 英語運用能力に制限がある人々、障害を持つ人々、その他のアクセスおよび機能上の必要性＊10を持つ人々など、すべての人が理解できる簡潔なメッセージを作成する；
✺ メッセージのプライオリティ付けを行い、聴衆を圧倒することなくタイムリーな情報の発信を可能にする；
✺ 情報の正確性を検証する；
✺ 最も効果的な手段を使用してメッセージを発信する

統合情報センター［Joint Information Center］

JIC は、JIS オペレーションを収容する施設である。そこでは、広報責任を担う要員が必須情報および広報業務に関する機能を実施する。JIC は単独の調整組織として現地で、または EOC の構成要素として設置することができる。インシデントのニーズ次第では、地方・州・連邦機関と調整を行い、インシデント固有の JIC を現地に、または状況が許すならば国家レベルで設置することがある。PIO は、インシデント指揮官、統合コマンド、EOC ディレクター、MAC グループの許可を求めて、広報の準備を行う。このことは、メッセージの一貫性の確保に資するともに、相反する情報のリリースを防ぎ、オペレーションへの逆効果を防止する。管轄・組織は、彼らの政策、手続き、プログラム、能力を公表することができる；しかし、これらはインシデント固有の JIC（複数含む）と調整する必要がある。

JIC は、ひとつのインシデントに対して単一であるべきだが、システムには柔軟性と順応性があり、複数の物理的または仮想上の JIC を置くことができる。例えば、広範な地理的エリアまたは複数の管轄をカバーする複雑なインシデントでは、複数の JIC が必要となる場合がある。複数の JIC が立ち上げられる事例では、JIC のスタッフは彼らの取り組みや提供する情報に関して調整を行う。各 JIC は、他の JIC と効果的に連絡・調整を行うための手続きやプロトコルを有する。複数の JIC がアクティベートされる場合、スタッフは調整に基づいて最終的なリリース権限を決定する。国家規模の JIC が使用されるのは、連邦の調整を伴うとともに、一定期間（例えば週または月単位）続くことが予想されるインシデントの時、またはインシデントが大規模エリアに影響を及ぼす時である。JIC は、インシデントの性質に応じて様々な形で組織化できる。表３では、JIC のタイプを示している。

仮想 JIC（Virtual JIC）
広報担当官たちが複数の分散した場所から活動しているとき、これらの担当官は仮想 JIC を設立し、電子的に連絡を取り、通常の JIC における調整機能を実施することができる。

組織の独立性

インシデント・マネジメントに参加する組織は、JIS を通じた連携により共通の広報を形成するが、自らの独立性は維持する。インシデント・コマンド、EOC 指導者、MAC グループのメンバーは、公共通信の調整や認可のためのプロセスの設立など、JIC の設立や監督に関して責任がある。JIC において、部門・機関・組織・管轄は継続して独自のプログラム／政策に関する情報をコントロールする。各機関／組織は、包括的なメッセージの統一に寄与することになる。

表3 JICタイプの例

タイプ	特　徴
インシデントJIC（Incident JIC）	●地方およびインシデント指揮官、統合コマンド、EOC ディレクターに配置された PIO を共同設置するのに最適な物理的ロケーション ●容易なメディア・アクセス（成功のために最も重要） ● EOC に設置可能
仮想 JIC（Virtual JIC）	●物理的な共同設置が不可能な時に設立 ●技術と通信プロトコルを組み合わせる
サテライトJIC（Satellite JIC）	●他の JIC より小規模 ●主要 JIC を支援するために設立 ●主要 JIC のコントロール下で活動する
エリア JIC（Area JIC）	●広範囲のエリア、複数インシデントの ICS 組織を支援する ●地方または州規模で設立される可能性 ●最優先されるのはメディア・アクセス
国家 JIC（National JIC）	●長期継続のインシデント用に設立されるのが一般的 ●連邦のインシデント・マネジメントを支援するために設立 ●多数の連邦省庁によりスタッフが配置される ●最優先されるのはメディア・アクセス

市民や関係者への情報伝達

場合によっては、情報を市民へ迅速に伝達することが生存を左右する。責任者は、市民に警告するために必要なあらゆる措置をとる必要がある。インシデント期間中に市民や関係者に情報を伝えることは、情報の収集・検証・調整・発信を伴う持続的なサイクルとなる。

情報の収集

市民や新たに加わる関係者に情報を伝達するプロセスは、情報収集から始まる。情報は、以下のものを含む様々なソースから収集する：

- 現地指揮は、インシデント・マネジメントの取り組みに関する進行中の公式情報を提供し、この情報の大半が IAP や状況報告に取り込まれる；
- 現地 PIO は、彼らが目撃したものや、ニュース・メディア、公選の高官および彼らのスタッフ、市民から聞いたことを JIC に報告する；
- メディアのモニタリングは、ニュースおよびソーシャルメディアでの報告に関する正確性や内容を評価し、最新の問題やトレンドの特定を助ける；
- 公選・任命職や一般市民からの問い合わせは、影響を受けたエリアにいる人々の具体的な懸念を示す可能性がある；
- EOC のスタッフは、状況ステータスまたはマス・ケア（被災者支援）［Mass Care］／復旧／一般市民が利用可能なその他の援助に関する情報を生成する

情報の検証

プロセスの次のステップは、収集した情報の正確性を検証することである。種々の機関のスポークスマンを務める PIO は、様々な情報源へのアクセス権を持っている。JIC への参加は、標準的手法を通じた情報の検証に加え、様々な機関の PIO が記録を比較し、多様な情報源から集めた情報の衝突を回避する機会となる。

情報の調整

次のステップは、JIS の一部であるその他の広報要員と調整することである。これには、JIC 内の代表者達や、JIS の一部である別の場所から作業する人々の双方が含まれる。情報の調整は以下のようなことを伴う：

- 主要メッセージ（複数含む）の確立。情報を集めたあと、JIC スタッフは、統一されたメッセージを作成し、地方・州・部族・準州・連邦全体のインシデント・マネジメントのプライオリティや戦略に従って順位付けされる情報ニーズに取り組む。そのミッションには、適切な時に、適切な人々に向けて正確で一貫した情報を伝え、情報に基づく決定を行えるようにすることが含まれている。
- 権限を持つ人々からの同意／認可の入手。情報の一貫性・正確性を確保するのに役立つ。しかし、タイムリーな形で情報が公表されるように、承認プロセスは効率化する必要がある

情報の発信

プロセスの最終ステップは、情報を一般市民や関係者に発信することである。一部の緊急事態では、通信方法の多くが利用できない。プレス・リリース、通話、記者会見は、ニュース・メディアにとって情報を入手する伝統的な手段である。場合によっては、個人訪問またはタウンミーティングが主な聴衆に伝わる最も効果的な手段かもしれない。地方、州、部族、連邦のシステム、例えば統合公共警報・警告システム［※ Integrated Public Alert and Warning System］（IPAWS）、緊急警報システム［※ Emergency Alert System］（EAS）、国家テロリズム諮問システム［※ National Terrorism Advisory System］（NTAS）などは、一般市民とのコミュニケーションを促進する。ソーシャルメディアの発信は、一般市民に直接伝える重要な方法である。そのような発信は、特定の聴衆をターゲットにする、または停電時のように伝統的メディアが利用できないときに伝達を行うといった柔軟性をもたらす。これらのアウトリーチの取り組みは、PIO やその他のコミュニティ指導者に話題や小冊子を提供することによってサポートされる。

ニュースやソーシャルメディアの発信をモニターすることは、風評／不正確な発信／情報ギャップを特定するのに役立つ。重大な不正確情報は、メディアがいま一度それを誤ってレポートする前に対処する必要がある。

2．広報コミュニケーション計画の立案

広報・教育・通信に関する計画や戦略が十分に形成・調整されれば、脅

威・警戒システムを通じて、人命救助措置／避難ルートなどの公共安全情報をタイムリーかつ一貫性があり、正確でアクセスしやすい方法で共有することが可能になる。計画に含むべきものとしては、ニュース・リリースに向けたドラフト作成のプロセス、プロトコル、手続き；メディア・リスト；公選／任命職、コミュニティ指導者、民間セクター組織、公共事業団体の連絡先情報である。計画立案者は、情報コミュニケーション計画が広報の発信を促進するようなものにしなくてはならない。また、訓練・演習には、広報コミュニケーションが含まれるべきである。

Ｆ．NIMS の指揮・調整構造の相互接続性

NIMS の構造は、全米のインシデント・マネージャー（現地にいるインシデント指揮官／統合コマンドから、FEMA の国家対応調整センター(NRCC)の指導者まで）が統一的かつ一貫した方法でインシデント・マネジメントを行うことを可能にする。NIMS の構造が持つ相互接続性により、様々な地理的エリアにおいて異なる役割や責任を担い、ICS ／ EOC の諸機能で活動する要員が、その取り組みを共通の構造・専門用語・プロセスを通じて統合することが可能になる。

インシデントの発生またはその恐れがあるとき、対応にあたる地方のインシデント要員は、NIMS の原則および構造を使用して彼らの活動を形成する。インシデントが大規模化もしくは複雑になる場合、EOC がアクティベートされる。EOC スタッフは、MAC グループから上級レベルのガイダンスを受け取る。JIC の設置は、組織的かつ正確な広報の確保に役立つ。

もし要員が地方で資源を見つけることができない場合、相互扶助協定を通じて近隣の管轄から、または州／部族／準州から、または州間の供給源から入手できる。州 EOC は、インシデント・マネジメント情報や資源ニーズを支援するためにアクティベートすることがある。有資格の要員は、標準的ボキャブラリーを使用することが求められ、それにより要請を行う管轄は彼らが何を受け取るか正確に理解することができる。資源（要員／チーム／施設／装備／供給品）がインシデントに到達するとき、インシデン

ト要員は共通かつ標準的なシステム（例えば ICS、JIS）を利用することによって、それらをシームレスに取り入れることが可能になる。

1．対応活動に対する連邦の支援

大半のインシデントは、上記の調整メカニズムを使用して解消される；しかし、一部の大規模インシデントは、連邦政府からの援助を必要とする場合がある。連邦政府は、国内インシデントに取り組むために必要とされる広範な能力や資源を保持している。NIMS の調整構造により、連邦省庁は相互に協力すると同時に、地方・州・部族・準州・島嶼地域の政府、コミュニティ・メンバー、民間セクターと協力することができる。

連邦政府が対応に関与するのは、以下のいずれかのときである：

- 州知事または部族長が連邦の援助を要請し、要請が承認されたとき；
- 連邦の利害関係に関わるとき；
- 制定法が認める、または要求する場合

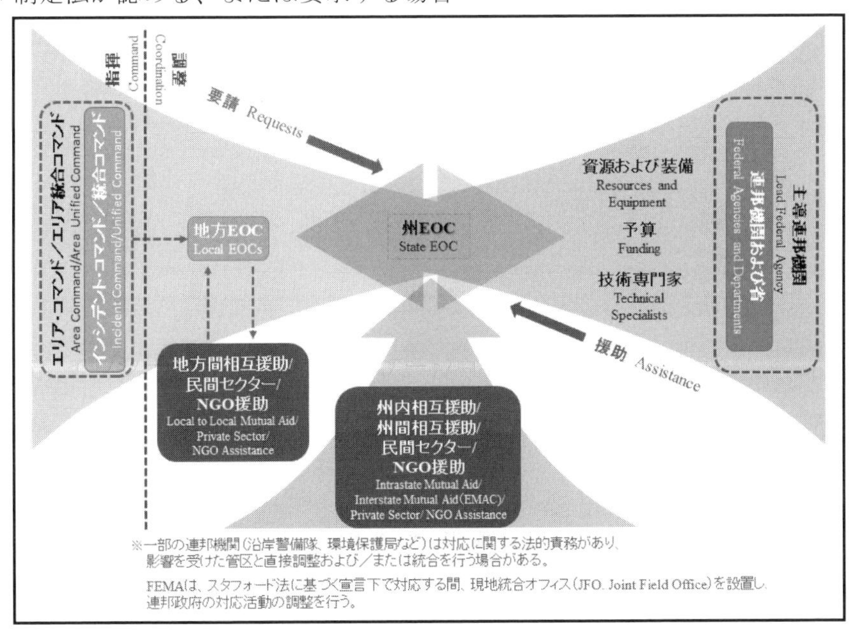

図10 連邦による対応活動への支援

従って、場合によっては、連邦政府が地方／州／部族／準州政府に対する補助的役割を果たし、影響を受けた管轄に連邦の援助を提供する。例えば、ロバート・T・スタフォード災害救助・緊急事態援助法（スタフォード法）に基づき、大統領が緊急事態（Emergency）または大規模災害（Major Disaster）を宣言するとき、連邦政府は援助を提供する。図10は、主として補助的役割を果たしている時の連邦政府の統合を描いている。

その他の場合として、インシデントが連邦資産（例えば国立公園）で発生したとき、または連邦政府が主管のとき（例えば、進行中のテロリストの脅威または攻撃、または大規模石油流出）などは、連邦政府が対応において主導的役割を果たす。多数の連邦省庁は、インシデントへの対応／補助に関してそれぞれ独自の権限と責務を有している。このことは、インシデントに応じて、連邦政府の対応に関する調整を主導する連邦省庁が異なることを意味している。例えば：

✺ FEMAは、大統領がスタフォード法に基づき大規模災害ないし緊急事態を宣言したとき、連邦の対応や援助を主導・調整する；
✺ 保健福祉省（HHS）は、公衆衛生緊急事態やインシデントに対する連邦の公衆衛生・医療対応を主導する；
✺ 環境保護庁または米国沿岸警備隊が主導連邦機関としての役割を果たすかどうかは、危険性物質の大規模流出箇所により決まる；
✺ 司法長官と連邦捜査局（FBI）長官は、テロリストの脅威またはインシデントに関する法執行対応や犯罪捜査で主導的責任を果たす

主導する連邦機関は、通常、他の機関による関連能力の提供という形で支援を受ける。

註

＊1 インシデント支援は、様々な異なる施設、さらに仮想構造でも実施されるため、NIMS では“EOC”という用語を緊急事態調整センターなどすべての施設を指して使用する。

＊2「指揮［Command］」と「指揮統一［Unity of Command］」のコンセプトは、［※米国の］軍隊および作戦に関する法的な意味とは異なる。軍の場合、指揮とは、大統領から国防長官、統合軍司令官、部隊指揮官に達することである。

＊3「EOC ディレクター［EOC Director］」という用語は、NIMS の至るところ

で使用され、EOC が立ち上げられた時にその内部で作業するチームの長となる個人を指している。実務上、このポジションは、管轄／組織の計画や手続きに応じて、EOC マネージャーまたは EOC 調整官など様々な肩書きを有する可能性がある。

＊4 エリア・コマンドが設置されるとき、インシデント指揮官／統合コマンドの責務の多くはエリア指揮官または統合エリア・コマンドにも適用する。エリア・コマンドは、セクションⅢ. B のエリア・コマンド、または ICS Tab7-複数インシデントのマネジメント一元化で詳細に述べられている。

＊5 NIMS における「インテリジェンス［intelligence］」は、法執行、医療調査、その他の調査組織が作成した脅威関連の情報に特化したものを指す。

＊6 ICS や EOC のスタッフは、インシデントの状況、監督者の選好、利用可能な資源、該当する法律／政策／標準業務手続き（SOP）など特有の基準に基づいて多くの決定を行う。本文書では、この柔軟性を認めるために「必要に応じて［as needed］」というフレーズを使用する。

＊7 すべての個人にアクセス可能［Accessible to all individuals］ということは、英語運用能力に限界がある人々や障害を持つ人々を含め、当該情報やデータへのアクセス・利用が障害を持たない市民メンバーによる情報やデータのアクセス・利用に匹敵したものにするということである。

＊8 統合調整グループは、州・部族・連邦の利益を代表する、さらに特定の環境では地方の管轄や民間セクターを代表する上級リーダーで構成される。統合調整グループの詳細は、国家対応フレームワーク（National Response Framework）で説明している。

＊9「複数分野［Multidisciplinary］」とは、消防、法執行、EMS、公共事業、またはその他のインシデント、脅威、ハザードの性質に基づくものなど、緊急事態管理に従事している1つ以上の機能（資源および組織）の集合体を指している。

＊10 メッセージ伝達［Messaging］は、聴覚障害の人、英語運用能力に制限がある人、様々な文化的背景の人、認知的限界のある人、伝統的メディアを使用しない人のアクセスや機能上のニーズを考慮し、複数のフォーマットで提供する必要がある。

Ⅳ．通信・情報管理

[Communications and Information Management]

インシデント要員による正確かつタイムリーで適切な情報の入手・提供は、柔軟な通信・情報システムにかかっている。状況認識の形成・維持、そしてアクセシビリティや音声・データの相互運用性の確保が、通信・情報管理部門の主たる目標である。通信の適切な計画・形成・適用は、指揮・支援部隊［eletments］や、協力する管轄・組織間での情報普及を促進する。

このセクションでは、全要員の責務である情報共有とともに、通常はICS の後方支援セクションや、EOC の後方支援／センターサポートのスタッフが担う情報共有支援のための通信システムについても取り扱う。状況認識を維持するため、インシデント要員はすべての該当する関係者とインシデント情報を交換して収集・照合・合成・発信することによって継続的にインシデント情報を更新する。この情報フローは、共通計画や相互運用可能な装備、プロセス、基準、アーキテクチャの作成・使用を通じて促進される。インシデント期間中、この統合された馴染みのあるアプローチは、現地、EOC、別の支援ロケーションにいるかどうかに関係なく、すべてのインシデント要員をリンクし、通信接続性と状況認識を維持する。通信・情報管理の計画立案では、相互運用可能な通信を達成するために必要なインシデント関連の政策、装備、データ、アーキテクチャ、システム、基準、訓練を取り扱う。

インシデント期間中に一定の情報フローを維持しようとする際、以下の通信および情報管理の原則がインシデント・マネージャーを支援する。基本原則は、（1）相互運用性［Interoperability］；（2）信頼性、拡張性、可搬性［Reliability, Scalability, and Portability］；（3）強靱性および冗長性［Resilience and Redundancy］；（4）セキュリティ［Security］である。

相互運用性［Interoperability］：相互運用可能な通信システムにより、要員・組織は音声、データ、ビデオシステムを経由してリアルタイムに管轄

・組織の内部やそれらの間で通信を行うことが可能になる。相互運用計画では、大規模インシデントはもちろん、日常オペレーション期間におけるガバナンス、標準業務手続き（SOP）、技術、訓練・演習、用法についても扱う。

信頼性・拡張性・可搬性［Reliability, Scalability, and Portability］：通信・情報システムは、あらゆるタイプのインシデントで機能するための信頼性と拡張可能性を備えている必要がある。このことは、単独の管轄／機関内での使用、複数組織が関与する単独管轄内での使用、あるいは複数組織が関わる複数の管轄内での使用において最適なものでなければならないということを意味している。通信・情報システムの定期的使用は、それらがユーザーに慣れ親しまれ、適用可能かつ受容可能である；新技術に対して即時に順応できる；あらゆる状況でも信頼できる、といったことを確保するに役立つ。拡張性とは、システムがあらゆる状況（複数管轄・組織の膨大な対応従事者や支援要員が関わる大規模インシデントまたは複数インシデントなど）を支援するために拡大可能ということ、そしてシステム上のユーザー数を即時に増加させることができるということを意味している。携帯技術・装備は通信システムの効果的な統合・搬送・展開を保証する。携帯性には、管轄間での標準化された無線チャンネルの割り当てが含まれ、インシデント要員が管轄外のインシデントに参加し、使い慣れた装備を引き続き使用できるようにする。

強靭性［Resilience］と冗長性［Redundancy］：通信の強靭性および冗長性は、途切れのない情報フローの確保を助ける。強靭性とは、インフラのダメージまたは喪失後も持ちこたえて継続的に機能するシステムの能力である。冗長性とは、サービスの重複を通じて達成される。それにより、主要な通信能力がダメージを受けたときも、様々な代替的手法を通じた通信の継続が可能になる。

セキュリティ［Security］：インシデント要員が通信でやり取りする情報の一部はセンシティブなものである。さらに、EOC とインシデント要員は重要なアセット、例えば工業用制御システムなどへのアクセス権を持っている可能性があり、もし不正アクセスされた場合にはより広範な影響を引き起こす恐れがある。インシデント要員は、IT やセキュリティの専門家と協力し、データ、ネットワーク、システム保護に関するベスト・プラクティスをインシデントの通信やデータ共有に取入れるべきである。例えば、インテリジェンス／調査機能のスタッフは、センシティブで個人を特定可能な情報、または機密扱いの情報について議論している可能性があり、この情報は準拠法に従って保護されなければならない。インシデントの通信や情報共有は、データ保護およびプライバシーに関わる法律に従うべきである。

A．通信管理［Communications Management］

以下に示す通信管理の活動および留意事項は、インシデント期間中に異なる分野・管轄・組織・機関のインシデント要員が効果的に連絡を取り合うことを助ける。

1．通信タイプの標準化

インシデント要員および提携組織は、以下のものを含む標準的な通信タイプを使用するべきである：

- 戦略［Strategic］：資源プライオリティの決定、役割および責務の決定、包括的なインシデント・マネジメントの行動指針など高度な指示
- 戦術［Tactical］：現地指揮・戦術要員と協力機関・組織との間の通信
- 支援［Support］：戦略・戦術通信（例えば、資源発注・派遣・追跡に関する病院間の通信；交通および公共事業の通信）を支える調整
- 公共［Public］：警戒および警報、プレスカンファレンス

2．政策と計画立案

調整された通信政策および計画立案は、効果的な通信・情報管理の基礎となる。細心の計画立案により、どの通信システムやプラットフォームを要員が使用するのか、誰がそれらを使用できるか、様々な環境でどの情報が不可欠か、そしてすべての装備およびシステムの技術的パラメーター、さらにその他関連の留意事項が定められる。技術が変化して情報交換の手法が向上する場合、通信管理の計画・手続きも進化させるべきである。

NGO・民間セクター・重要インフラ所有者などすべての関係者が、綿密かつ統合され、相互運用可能な通信計画・戦略の形成に関わるべきである。技術や装備の基準も、相互運用性を向上させるために関係者で共有される。

立案者は、緊急事態オペレーション計画やその他の該当計画の中に健全な通信管理政策・計画を取り入れるべきである。計画には、通信および情報管理に関する以下の側面を含めるべきである：

- 情報のニーズと当該情報の潜在的ソース；
- パートナー組織と情報を統合するためのガイダンス、基準、ツール；
- 警報、インシデント通知、公衆通信、その他の重要情報を公表するための手続き、プロトコル、ネットワーク；
- 他の政府レベルやパートナー組織に通知するためのメカニズムやプロトコル；
- すべての指揮・調整・支援機能を統合するための効果的かつ効率的な情報管理技術（例えば、コンピューター、ネットワーク、情報共有メカニズム）の使用に関するプロトコル；
- インシデントのメッセージ交換がすべての人々（すなわち英語運用に制限がある、障害がある、その他のアクセスおよび機能上のニーズのある人々を含む）にとって同時アクセス可能なものにすることを保証するガイダンスとメカニズム

3. 合　意

管轄の緊急事態オペレーション計画内で指定されたすべての当事者は、計画や手続きで描かれた通信の要素がインシデントの時点で有効なものであるように合意しておくべきである。通常、合意においては、当事者が使用に同意する、または情報共有を目的とした通信システムやプラットフォームを特定する。これらの合意には、一般的にネットワークの接続性、データ・フォーマットの規格、サイバーセキュリティの合意事項が含まれる。

4. 装備基準

インシデント・マネジメント期間中に要員が使用する通信装備は、多く

の場合、共通のインターフェースを通じて接続したコンポーネントやシステムで構成され、その多くは民間セクターが提供する使用可能な回線に依存している。公共／民間の通信システムや関連の装備は、定期的に向上・更新されると同時に、それらのメンテナンスは効果的なインシデント・マネジメントに不可欠である。通信システムおよび装備規格を作成するとき、要員は以下のことを考慮すべきである：

✺ 要員がシステムを使用する条件の範囲；
✺ 潜在的にそれらを使用する可能性のある要員の範囲；
✺ 現在国家的に認知されている通信規格＊1；
✺ 耐久性のある装備の必要性

5．訓　練

相互運用可能なシステムや装備を用いた訓練・演習は、要員がインシデント前に彼らの能力や限界を理解することを可能にする。

B．インシデント情報［Incident Information］

インシデント期間中、要員が決定を行うためにはタイムリーかつ正確な情報が必要である。情報は ICS、EOC、MAC グループ、JIS 内で以下の多くの機能のために使用される：

✺ 計画立案の補助；
✺ 緊急の保護措置を含む市民との通信；
✺ インシデント・コストの決定；
✺ NGO または民間セクター資源の追加関与の必要性を決定；
✺ 安全問題の特定；
✺ 情報要求の解決

1．インシデント・レポート［Incident Reports］

インシデント・レポートは、状況認識を向上させるとともに、要員による重要基本情報への容易なアクセス確保に役立つ。インシデントに関する重要基本情報を提供するレポートのタイプには以下のものがある：

✺ 状況レポート［Situation Reports］（SITREP）：通常、インシデントの詳細は定期的かつ繰り返し作成・配布される報告書に含まれる。SITREP

には、過去のオペレーション期間のインシデント・ステータスに関するスナップショットを提供し、インシデント関連の詳細（だれが、なにを、いつ、どこに、どのように）に関して確認済み、または検証された情報が含まれる。

✺ ステータス・レポート［Status Reports］：スポット・レポートのような報告書であり、定期的にスケジュールされた状況レポートの範囲外にある重要または時間的制約のある情報を含んでいる。通常、ステータス・レポートは機能特化であり、SITREP ほど形式的なものではない。

管轄・組織の内部や相互間において、インシデントの通知、状況、ステータス・レポートに含まれる情報を標準化することは、情報のプロセス処理を促進する；しかし、標準化は、報告組織特有の情報収集または発信を妨げるべきではない。共通フォーマットでのデータ転送によって、他の管轄・組織は具体的なインシデント情報を予測し、迅速に発見し、それに基づいて行動することが可能になる。

2. インシデント・アクション・プラン［Incident Action Plans］

インシデント・レポートに加え、IAP を参照することにより要員は状況認識を高め、インシデントの目標および戦術をより良く理解することができる。IAP には、インシデント指揮官／統合コマンドが形成するインシデント目標が含まれるとともに、計画されたオペレーション期間、一般的には12時間から24時間の戦術を取り扱っている。インシデント・アクション・プラン［IAP］の立案プロセスの詳細に関しては、附則 A ICS Tab 8 を参照のこと。

3. データ収集とプロセス処理

要員がデータを収集するにあたっては、標準的なデータ収集技術や定義を守り、データ分析を行い、適切なチャンネルを通じて共有するという形で実施する必要がある。標準化されたサンプリングとデータ収集は、信頼に足る分析を可能にし、評価の質を向上させる。

ICS 組織、EOC、MAC グループにおけるリーダー達や広報要員は全員が正確かつタイムリーな情報に依存している。データ収集やプロセス処理には以下の標準要素が含まれる：初期判断／迅速評価、データ収集計画、検証、分析、普及、更新。

初期評価／迅速評価

最初にインシデント現場に到着した担当者は、状況の評価を行い、発見したことを派遣または他のインシデント支援組織に知らせる。その後、これらの組織のスタッフは、この情報を使用して資源配置を行うとともに、その他のインシデント関連の決定を行う。

データ収集計画［Data Collection Plan］

インシデント指揮官、統合コマンド、または EOC ディレクターは、データ収集計画を作成し、インシデント情報収集の反復するプロセスを標準化することができる。通常、データ収集計画は、どの情報主要素［essential elements of information］（EEI）（情報に基づく意思決定のために必要とされる情報アイテム）を要員が収集するかを示す基盤となる。データ収集計画は様々なアイテムを収集するための資源・方法・測定単位・スケジュールをリスト化している。

EEI はデータ収集計画を作成する前に定義されるべきである。通常、EEI には以下のいずれかのアイテムが含まれる：

- インシデント・エリアの境界／アクセス・ポイント；
- 管轄の境界；
- 社会／経済／政治的影響；
- 住民の健康への影響；
- 輸送システムのステータス；
- 通信システムのステータス；
- ハザード特有情報；
- 悪天候［Significant weather］；
- 地震またはその他の地球物理データ；
- 重要施設のステータス；
- 航空偵察活動のステータス；
- 災害／緊急事態宣言のステータス；
- 予定の、または後続の活動；

✺ 寄付

要員は様々な手法を用いてデータ収集を実施する：

✺ 公共安全担当の通信士、または派遣システムからの911コールからデータを入手する；
✺ 対応従事者間の無線、ビデオ、またはデータ通信をモニタリングする；
✺ 状況レポートを読む；
✺ 国立測候所の代表など技術スペシャリストを利用する；
✺ 現場観測者、ICP、エリア・コマンド、MAC グループ、DOC、その他の EOC から報告を受け取る；
✺EOC、その他の施設、オペレーション中の現地オフィスに情報スペシャリストを展開する；
✺ 関連の地理空間プロダクトを分析する；
✺ 印刷物、オンライン、報道、ソーシャルメディアをモニタリングする

検　証

状況認識を担当するスタッフは、データのレビューを行い、それが不完全、不正確、粉飾、期限切れ、または誤解を招くものかどうか判定する。要員は、データを検証するにあたって、様々な情報源を使用するべきである。

分　析

状況認識スタッフは、検証されたデータの分析を行い、インシデント・マネジメントにとっての含意を判定し、生データを意思決定に役立つ情報に変換する。分析では、インシデントの情報ニーズを処理するにあたり、より小さく管理可能な要素に分割し、その後それらの要素に取り組む。要員は、問題や状況に関する完全な理解に基づいて分析を行うべきである。また、要員はタイムリーかつ客観的な分析を提供するとともに、欠落または不明データを認識しておかなくてはならない。

発　信

要員によるインシデント・データの収集・検証が完了すると、それをデータ発信に関する当該の法や政策に則り、他者と共有する。要員は、状況

認識の向上や効果的な調整の促進を目的として、タイムリーかつ安全な方法でインシデント情報を発信しなくてはならない。

更　新

情報の正確さや完全性は、インシデント・マネージャーが健全な決定を行うことに役立ちうる。要員は、継続的に関連するデータや情報の要素をモニタリング、検証・統合・分析することにより、状況認識を形成することができる。

C．通信規格とフォーマット

1．共通用語、平易な言葉、互換性

共通用語［Common Terminology］

共通の専門用語の使用は、様々な分野・管轄・組織・機関のインシデント要員が通信を行い、効果的に活動を調整することを助ける。

平易な言葉［Plain Language］

インシデント・マネジメントにおいて、コードではなく、平易な言葉と平文を使用することは、公衆安全［public safety］、特にインシデント要員やインシデントの影響を受けた人々の安全に関わる事柄である。

インシデント期間中、要員は、組織要素間のすべての通信において、口頭か書式かを問わず、平易な言葉を使用する必要がある。それにより、要員がタイムリーかつ明確な方法で情報発信を行えるようにするとともに、対象となる受領者全員が理解できるようにすることを助ける。要員は、複数の管轄／組織が関わるインシデント期間中、機関、組織、管轄に特有の頭字語ないし専門用語を使用することを避けるべきである。

データの互換性［Data Interoperability］

要員は、管理・指揮・支援部隊［elements］と、協力する管轄・組織間での情報の普及を可能にするため、通信プロトコルを計画・設立し、適用しなくてはならない。

✺ データ通信プロトコル［Data Communication Protocols］：情報を使用ま

たは共有するために通信（音声、データ、地理空間情報、インターネット使用、データ暗号化を含めて）の手続きやプロトコル。これには国家情報交換モデル(NIEM)（http://www.niem.gov）に沿った情報の構造化および共有が含まれる

- データ収集プロトコル［Data Collection Protocols］：全米国家グリッドの使用など、インシデントの前に複数領域または複数管轄の手続きやプロトコルを確立しておくことにより、標準化されたデータ収集や分析が可能になる
- 暗号化［Encryption］または戦術用語［Tactical Language］：インシデント・マネジメント要員とその連携組織は、必要な場合、セキュリティを維持するために情報を暗号化する方法論やシステムを整備すべきである。インシデントの大半の期間においては平易な言葉が適切であるが、場合によってはインシデントの性質（例えば、進行中のテロ・イベント）により戦術用語が妥当となる。そのような場合、インシデント特化の通信計画の中に、特殊な暗号や戦術用語の適切使用に関するガイダンスが組み込まれるべきだ

全米国家グリッド［United States National Grid］

全米国家グリッドは、FEMA およびその他のインシデント・マネジメント組織が緯度／経度の代替として使用するポイントおよびエリア・ロケーション参照システムである。国家グリッドは、リスク評価、計画立案、対応、復旧オペレーションの支援で使いやすい。個人、公的機関、ボランティア組織、営利組織は、国家グリッドを様々な地理的エリア・専門領域の内部やそれらの間で使用することができる。国家グリッドの使用により、個人またはプログラムの役割に関係なく、また政府のあらゆるレベル、専門領域、脅威、ハザードの垣根を越えた、一貫性のある状況認識を促す。

2. 技術利用と手続き

要員は、インシデントの前後やその期間中、インシデントに関わる管轄／組織または市民の状況認識向上をもたらすメカニズムとして、技術ツールを使用する。これらの技術の例としては、以下のものが含まれる：

- 無線および電話システム；
- 公衆警報および通知システム；
- ハードウェア、ソフトウェア、インターネット・ベースのシステムやアプリケーション（地理／地理空間情報システム(GIS)やインシデント・マネ

ジメント・ソフトウェアを含む）；
✺ ソーシャルメディア

インシデント要員は、これらの価値ある通信資源の恩恵を受けるため、技術およびその他ツールの使用に関する手続きを策定すべきである。インシデント期間中に要員がこれらのアプリケーションを通じて獲得または共有する情報は、計画的かつ標準化された手法に従ったものであり、通常は包括的な情報共有の規格、手続き、プロトコルに適合させる必要がある。

ソーシャルメディア

ソーシャルメディアは、あらゆるレベルのインシデント・マネジメントに対して留意すべき特別な事項を示すとともに、以下のことを促進可能にする手段を提供する：
✺ インシデントの影響に関する情報や目撃談のモニタリング・収集；
✺ 広報や警報の配信；
✺ 地図作成やインシデントの可視化；
✺ 入手可能な情報・サービス・資源を、確認されたニーズとマッチング

状況認識のためのソーシャルメディアの使用

ソーシャルメディアは、状況認識を達成するためのデータ収集方法に革新をもたらしている。統合センター［fusion centers］、法執行、公衆衛生、その他の情報モニタリング・システムにおいてスパイク［※ spikes：急増］またはトレンドをモニタリングすることにより状況認識を高めることができる。または、出現する問題の初期兆候を示す場合がある。すべてのデータと同様、インシデント要員は、データ検証プロセスを使用し、ソーシャルメディア経由で得られた情報にフィルターをかけ、その正確性を判断する。

情報発信のためのソーシャルメディアの使用

市民は、インシデント・マネジメント要員がソーシャルメディアを使用して必要な情報を伝達することをますます望むようになっている。情報を発信するためにソーシャルメディアを使用するとき、インシデント・マネージャーが考慮することは以下の通りである：

- ✺ 対象とする読者と共有すべき情報のタイプを特定する；
- ✺ 対象がフィードバックまたは対応を求めることを望むかどうかを判断する；
- ✺ 生存者がメッセージを受け取る前に見込まれる遅延時間

これらの判断は、インシデント・マネージャーがどのソーシャルメディアのプラットフォームを使用すべきか、メッセージの頻度や形態、さらに任務やスタッフ配置の必要性を決定するのに役立つ。その他の広報と同様、要員は、標準的な公表プロトコルに従い、アクセシビリティ［入手可能性］を確保すべきである。

3. 情報セキュリティ／オペレーション上のセキュリティ

機密の必要性はときに情報共有を複雑にする。このことが顕著になるのは、特に法執行コミュニティ内部や、緊急事態管理、消防、公衆衛生、その他のコミュニティにおいてインテリジェンスを共有する時である。一定の制限または機密扱いされている情報へのアクセスは、当該法令、さらに個人のセキュリティ・クリアランス、知る必要性に依存している。

註

＊1 例えば、全米規格協会（ANSI）や全米消防協会（NFPA）のような規格作成組織は定期的に通信規格の更新を行い、公表している。

V．おわりに

米国は、複雑かつ進化する脅威やハザードに直面している。全米の様々な組織が持つ多様な能力や資源は非常に大きな財産ではあるが、これらの能力を協調的な方法で適用することには困難を伴う可能性がある。総じて、NIMS の構成要素は、用語・システム・プロセスの共有を通じて国家規模の取り組みの統一を可能にし、国家準備システム〔National Preparedness System〕で描かれた能力を提供する。NIMS のコンセプト・原則・手続き・構造・プロセスは、全米の対応従事者を結びつけ、単独の管轄／組織のキャパシティを超えた課題にも対応できるようにしている。

NIMS は、随時更新される文書であり、新たな機会を利用しつつ、出現する課題に対応できるように進化していく。インシデント・マネジメントの関係者は、支援ツール、ガイダンス、教育、訓練、その他の資源を作成することにより、引き続きこの基盤に基づいて行動する。FEMA は、NIMS の改訂を進めるために関係者のフィードバック、ベスト・プラクティス、得られた教訓を収集し続ける。これには、現実世界のインシデントや演習に基づくアフター・アクション・レポートの検討、技術的な援助交流、集中的なデータ収集などが含まれる。この持続的なフィードバックに加え、FEMA は4年ごとにレビューを実施し、NIMS の既存政策と新しい政策との一貫性、状況の推移、使用実績を評価していく。

アメリカの準備作業は決して終わることはない。米国は、10年前よりも安全かつ強固で、準備も整っているが、米国を最大のリスクから守るという公約は、現在、そして10年先も不変である。いまコミュニティ全体が結集して将来のニーズに取り組むことにより、米国はたとえどのような課題が起きても立ち向かえるようにその備えを改善し続けていく。

Ⅵ. 用語集

NIMSにおいて、以下の用語および定義を適用する：

Access and Functional Needs［アクセスおよび機能上のニーズ］［※障害者および特別支援が必要な人］：緊急時に個人の行動力を制限する一時的または恒久的な状況により、移動・通信・輸送・安全・健康維持などに関して援助／便宜／変更を要する個別事情。

Agency［機関］：特定種類の援助を提供する具体的機能を持った政府の要素［elements］。

Agency Administrator/Executive［機関管理者／幹部］：機関／管轄の政策管理に関して責任を担う職員。

Agency Representative［機関代表］：地方・国家・部族・準州・連邦の主要／補佐／協力の政府機関により、または非政府／民間組織により任命された人物。当該機関の指導者と適宜相談の上で、機関／組織のインシデント・マネジメント活動の参加に影響する決定を行う権限を持つ。

Area Command［エリア・コマンド］：複数インシデントの管理を監督する、または複数のICS組織で大規模な状況または進化する状況の管理を監督する組織。統合エリア・コマンドを参照。

Assigned Resource［割り当て（配置）資源］：チェックイン済みで、インシデントでの作業タスクを割り当てられている資源。

Assignment［割り当て（任務）］：個人／チームに付与されたタスクで、IAPで定義されたオペ　レーション目標に基づいて実施する。

Assistant［アシスタント］：主たる指揮スタッフの部下や、EOCディレクターのスタッフ・ポジションのタイトル。そのタイトルは、主要ポジションより下位の技術能力、資格、責任を示している。アシスタントは、ユニット・リーダーに配置される場合もある。

Assisting Agency［支援機関］：インシデント・マネジメントに関して直接責任を担う機関に、要員・サービス・その他の資源を提供する機関／組織。

Authority Having Jurisdiction［所管当局］：組織／管轄内の資格プロセスを作成・実施・維持・監督する権限および責任を持つ団体。これは、州／連邦の機関、訓練委員会、NGO、民間セクターの企業、部族または地方の警察／消防／公共事業部のような機関などである。場合によっては、AHJは、チーム（例えば、IMT）の一員として協働する複数の領域に支援を提供することができる。

Available Resource［利用可能資源］：インシデントに配置され、チェックイン済みで、配置可能な資源。

Badging［記章付与］：インシデント固有の物理的な信用証明を付与し、正当性を裏付けるとともに、インシデント現場へのアクセスを許可する。Credentialing［証明書付与］を参照

Base［基地］：インシデント基地を参照。

Branch［ブランチ］：インシデント・オペレーションの主要面に関する機能上または地理的責任を担う組織レベル。ブランチは、オペレーション・セクションにおけるセクション・チーフとディビジョンまたはグループの間に置かれ、後方支援セクションではセクションとユニットの間に置かれる。ブランチは、ローマ数字または機能エリアによって識別される。

Camp［キャンプ］：（インシデント・ベースから離れている）一般的なインシデント・エリア内の地理的場所。インシデント要員に就寝・食事・水・衛生サービスを提供するための装備を持ち、スタッフが配置されている。

Certification［認定］：主要なインシデント・マネジメント機能のために設けられた資格を個人が満たしており、特定のポジションに就く資格があるということを当局が証明するプロセス。

Chain of Command［指揮系統］：インシデント・マネジメント組織内部での秩序立った権限系統。

Check-In［チェックイン］：資源が最初にインシデントに現れるプロセス。すべての対応従事者は、所属機関に関係なく、インシデント指揮官／統合コマンドが定めた手続きに従って任務を受け取るために報告する。

Chief［チーフ］：ICS において機能セクション［オペレーション、計画立案、後方支援、財務／行政］のマネジメントに関する責務を担う個人のタイトル。

Clear Text［平文］：暗号を使用しない通信。Plain Language［平易な言葉］を参照。

Command［指揮］：法律上／規則上／委任上の明確な権限に基づき指示・命令・コントロールを行う行為。

Command Staff［指揮スタッフ］：インシデント指揮官／統合コマンドが ICP の指揮機能を支援するために配置するインシデント要員のグループ。多くの場合、指揮スタッフには、PIO・安全管理官・連絡調整官が含まれ、彼らには必要に応じてアシスタントがつく。インシデントに応じて、追加のポジションが必要になる場合がある。

Cooperating Agency［協力機関］：インシデント・マネジメントの取り組みに対して、オペレーションまたは支援に関する直接的な機能／資源以外の援助を提供する機関。

Coordinate［調整］：インシデント・マネジメントの責任を具体的に実行するため、明確な情報を知る必要がある、またはその必要があるかもしれない当事者間にお

いて、体系的に情報交換を行うこと。

Core Capability［中核能力］: 国家準備目標において、最大のリスクをもたらす脅威やハザードから予防・防護・軽減・対応・復旧を行うために必要なものとして定義されている要素。

Credentialing［証明書付与］: 要員を特定するとともに、彼らが特定ポジションを担う資格を認証し、裏付ける文書を提供すること。Badging［記章付与］を参照。

Critical Infrastructure［重要インフラ］: 物理的か仮想上かに関係なく、米国にとって重要な資産、システム、ネットワークのこと。そのような資産、システム、ネットワークの無能力化または破壊は、安全保障、国家経済の安定、国家的な公衆衛生／安全、またはそれらを組み合わせたものを弱体化させるインパクトがある。

Delegation of Authority［権限委任］: 権限の委任や責任の割り当てを行う機関幹部がインシデント指揮官に提供する声明。権限委任には、プライオリティ、予想、制約、その他の検討事項／ガイドラインが必要に応じて含まれる。

Demobilization［動員解除］: インシデント資源を、規則に従い、安全かつ効率的に元あるロケーションやステータスに戻すこと。

Departmental Operations Center［部門オペレーションセンター］: 単独かつ特定の部門ないし機関専用のオペレーション／調整センター。DOC の焦点は、機関内部のインシデント・マネジメントおよび対応である。多くの場合、DOC は、部門／機関の委任代理人（複数含む）による合同の機関 EOC と連携する、または実際に代表を送る。

Deputy［代理］: 上位者不在の際に、機能オペレーションを管理するための、または特定のタスクを実施する権限を委任可能な資格を完全に有する個人。場合によっては、代理は上司の交代要員として行動することができる。そのため、そのポジションにおける資格要件を完全に満たしている必要がある。代理は、通常、インシデント指揮官、EOC ディレクター、一般スタッフ、ブランチ・ディレクターに配置することができる。

Director［ディレクター］: ICS において、ブランチの監督に関する責務を担う個人のタイトル。さらに、EOC 内のチームの管理・監督を担当する個人の組織上の職名。

Dispatch［派遣］: 配置されたオペレーション上のミッションへの秩序だった資源の移動、またはある位置から別の位置への行政管理上の移動。

Division［ディビジョン］: 定められた地理的エリア内でのオペレーションに関して責任を有する組織レベル。ディビジョンは、資源の数がセクション・チーフの管理可能な統制範囲を超えたときに形成される。グループを参照。

Emergency［緊急事態］: 自然／技術／人為を問わず、人命または財産を保護するための対応行動を必要とするあらゆるインシデント。

Emergency Management Assistance Compact［緊急事態管理援助協約］：州間での相互扶助に関する形態や構造を規定する議会承認された協定。EMACを通じて、災害の影響を受けた州は迅速かつ効率的に他のメンバーの州に援助を要請・受領することができ、2つの主要な問題［負債と償還］を事前に解消することができる。

Emergency Operations Center［緊急事態オペレーション・センター］：通常、インシデント・マネジメント（現場オペレーション）活動を支える情報や資源に関して調整が行われる物理的ロケーション。EOCは、仮設施設になるか、または中枢の近くか、恒久的に設立された施設内で、管轄内のより高い組織レベルに置かれる場合がある。

Emergency Operations Plan［緊急事態オペレーション計画］：様々な潜在的ハザードに対応するための計画。

Emergency Support Function［緊急事態支援機能］：政府や特定民間セクターの能力をひとつの組織構造にグループ化し、国内インシデントを管理するために必要とされる可能性が高い能力やサービスを提供する。

Essential Elements of Information［情報主要素］：重要かつ標準的な情報項目で、タイムリーかつ情報に基づいた決定を支える。

Evacuation［避難］：危険またはその潜在性のあるエリアから、組織的かつフェーズ化され、監督される形で人々を撤退／分散／移転させ、安全なエリアで彼らの受け入れとケアをすること。

Event［イベント］：Planned Event［計画的イベント］を参照。

Federal［連邦］：合衆国の連邦政府またはそれに関連するもの。

Finance/Administration Section［財務／行政セクション］：インシデントの行政管理および財政的配慮を担当するICSのセクション。

General Staff［一般スタッフ］：機能に応じて組織化されるインシデント要員のグループで、インシデント指揮官／統合コマンドに報告を行う。ICSの一般スタッフは、オペレーション・セクション・チーフ、計画立案セクション・チーフ、後方支援セクション・チーフ、財務／行政セクション・チーフで構成される。

Group［グループ］：インシデント・マネジメント構造を、オペレーションの機能エリアに分割するために形成される組織上の下位区分。グループは、単独の地理的エリア内に限らず、特別な機能を実施するために集められた資源で構成される。ディビジョン［Division］を参照。

Hazard［ハザード］：潜在的に危険または有害なもので、多くの場合、望ましくない結果の根源となる。

Incident［インシデント］：生命または財産を守るための対応を必要とする自然／人

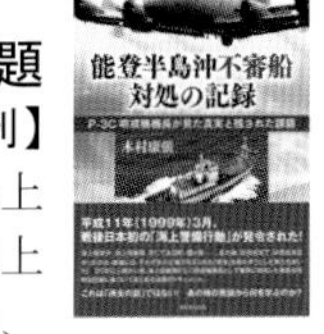

能登半島沖不審船
対処の記録

米国を巡る
地政学と戦略
スパイクマンの勢力均衡論
地政学の始祖として有名な
スパイクマンの主著、
初めての日本語完訳版!

為的な出来事。この文書において、「インシデント」という言葉には、あらゆる種類や規模の緊急事態／災害に加え、計画的イベントも含まれる。

Incident Action Plan［インシデント・アクション・プラン］：インシデント指揮官／統合コマンドによって定められる目標を含んだ口頭または書式の計画のこと。計画されたオペレーション期間、通常は12～24時間での戦術および支援活動を扱っている。

Incident Base［インシデント基地］：要員がインシデントに関する後方支援機能を調整・管理するロケーション。通常、基地は、インシデントにつき1つのみである（*Base* という用語に、インシデント名ないし他の識別子が付加される）。ICP は、インシデント基地と共同設置される場合がある。

Incident Command［インシデント・コマンド］：インシデントの総合的管理に関して責任を担う ICS の組織要素であり、インシデント指揮官／統合コマンド、アクティベートされた追加の指揮スタッフで構成される。

Incident Command Post［インシデント指揮所］：インシデント・コマンドの主たる機能が行われる現場ロケーション。ICP はインシデント・ベースまたはその他のインシデント施設と共同設置される場合がある。

Incident Command System［インシデント・コマンド・システム］：現場でのインシデント・マネジメントに関わる指揮・統制・調整の標準化されたアプローチであり、複数組織の要員が効果的になりうる共通のヒエラルキーを提供する。ICS は、共通の組織構造内で動作する手続き・要員・施設・装備・通信のコンビネーションであり、インシデント期間中における現場資源の管理に役立つよう作られている。あらゆる種類のインシデントで使用され、計画的イベントも含め、大規模で複雑なものから小規模なものまで適用可能である。

Incident Commander［インシデント指揮官］：インシデント指揮官は、インシデント目標の作成や資源の発注・拠出など現場のインシデント活動に関して責任を担う個人のこと。インシデント業務の遂行に関する包括的な権限と責任を有する。

Incident Complex［インシデント・コンプレックス］：同じ一般エリア内に2つ以上の個別のインシデントがあり、単独のインシデント指揮官／統合コマンドに割り当てられている。

Incident Management［インシデント・マネジメント］：原因・規模・複雑性に関係なく、インシデントに関する計画・対応・復旧を行うため、政府および非政府両方の資源を使用して、政府のあらゆるレベルで用いられるオペレーション、調整、支援を提供する広範な活動および組織。

Incident Management Assistance Team［インシデント・マネジメント補佐チーム］：ICS の資格要件を満たす要員のチームで、ICS に則して構成され、影響を受けた管轄または現場要員の支援のために展開する。

Incident Management Team［インシデント・マネジメント・チーム］: ICS の資格要件を満たす要員の登録グループで、インシデント指揮官、指揮・一般の各スタッフ、その他主要な ICS ポジションに配置された要員で構成される。

Incident Objective［インシデント目標］: 遂行または達成されるべき結果の表明。インシデント目標は戦略や戦術を選択するために使用される。インシデント目標は、現実的かつ達成可能で、測定可能なものであるべきであり、その上、戦略的・戦術的代替を可能とするほど柔軟さを持たせるべきである。

Incident Personnel［インシデント要員］: インシデント・マネジメントまたは支援の役割を担うすべての個人のこと。現場や EOC にいるか、あるいは MAC グループに参加しているかを問わない。

Information Management［情報管理］: 1以上の情報源からの情報の収集、組織化、情報の構成・処理・周知に対するコントロール、そして当該情報に利害関係がある1以上の聴衆へ配信を行うこと。

Intelligence/Investigations Function［インテリジェンス／調査機能］: インシデントの発生源／原因（例えば、疾病の発生、火災、複雑に調整された攻撃、サイバー攻撃）を確定し、そのインパクトのコントロール、または類似インシデントの発生防止を促すための取り組み。ICS において、その機能は、計画立案セクション内、オペレーション・セクション内、指揮スタッフ内、または一般スタッフの個別のセクションとして、あるいはこれらの場所の組み合わせで実施される。

Interoperability［相互運用性］: 公共および民間の機関、部門、その他の組織の間で、効果的な共同運用を可能にするため、機能・データ・情報・サービスを他のシステム・要員・装備に対して提供する能力。そして、それらを受け取るシステム・要員・装備の能力のこと。

Joint Field Office［統合現地オフィス］: 連邦の主たるインシデント・マネジメントの現場組織。JFO は、一時的な連邦施設であり、対応・復旧に主たる責務を担う地方・州・部族・連邦の各政府、民間セクター、NGO が調整を行う中心的ロケーションを提供する。

Joint Information Center［統合情報センター］: 要員がインシデント関連の広報活動を調整する施設。JIC は、ニュース・メディアすべてに対する中心的な窓口として機能する。すべての参加機関の広報担当官は、JIC に共同配置される、または JIC を通じて仮想上で調整を行う。

Joint Information System［統合情報システム］: インシデント情報全般や広報業務をひとつのまとまった組織に統合する仕組み。危機またはインシデント・オペレーションの期間中、一貫性があり、調整され、正確かつアクセス可能、そしてタイムリーで完全な情報を提供することが意図されている。

Jurisdiction［管轄］: 管轄には文脈に応じて2つの定義がある：

◎権限の範囲または領域。公的機関がその法的責任や権限との関連によりインシデントを管轄する。インシデントでの管轄上の権限は、政治的／地理的なもの（例えば地方・州・部族・準州・連邦の境界線）または機能的なもの（例えば、法執行・公衆衛生）がありうる。

◎政治的な下位区分（例えば、自治体・郡・パリッシュ・州・連邦）で、その法的権限および地理的境界内で安全・健康・福祉を確保する責務を担っている。

Kind［種類］: インシデント資源に適用される場合、同じ性質または特徴を持つ、あるいは共通の特性を持つために一緒に分類されるアイテムまたは人々のクラス／グループのこと。

Leader［リーダー］: ICS において、ユニット／ストライク・チーム／資源チーム／タスク・フォースの監督に関する責務を担う個人のタイトル。

Liaison Officer［連絡調整官］: ICS において、協力および援助を行う機関／組織から来た代表との調整に関する責務を担う指揮スタッフのメンバー。

Local Government［地方政府］: 法によって設置された指定エリアの安全および福祉に関して責任を担う公共団体。郡、自治体、市、タウン、タウンシップ、地方公共機関、学区、特別区、州内区、政府会議（州法の下で政府会議が非営利団体として法人化されているかどうかに関係なく）、地域／州間の政府団体、または地方政府の機関／手段；部族ないし認可された部族団体、またはアラスカでの先住民村（Native Village）ないしアラスカ地域先住民団体（Alaska Regional Native Corporation）；地方コミュニティ、法人格のないタウン／ヴィレッジ、またはその他の公的団体。

Logistics［後方支援］: インシデント・マネジメントを支援するために資源やその他のサービスを提供するプロセスおよび手続き。

Logistics Section［後方支援セクション］: ICS において、インシデント向けに施設・サービス・物資支援の提供に関する責務を担うセクション。

Management by Objectives［目標による管理］: NIMS の基礎となる管理アプローチで、（1）目標の設定、例えば達成されるべき具体的で測定可能かつ現実的な結果；（2）目標を達成するための戦略、戦術、タスクの特定；（3）戦術およびタスクの実施や、目標達成する際の結果測定および文書化；（4）目標達成のために戦略／戦術／パフォーマンスを修正する是正措置をとること、が含まれる。

Manager［マネージャー］: ICS の組織ユニット内で、個別の管理責任を割り当てられた個人（例えば、集結エリア・マネージャーまたはキャンプ・マネージャー）。

Mission Area［ミッション・エリア］: 国家準備目標において中核能力をグループ化するために指定された5つのエリア（予防、防護、軽減、対応、復旧）のひとつ。

Mitigation［軽減］: 災害のインパクトを軽減することによって、自然／人為的災害に由来する人命・財産の喪失を減らすために必要な能力。

Mobilization［動員］：インシデントに対応／支援するために要求された資源をアクティベート、集結、輸送するプロセスや手続き。

Multiagency Coordination Group［多機関調整グループ］：通常、機関管理者／組織幹部／彼らの被指名人で構成されるグループ。インシデント要員に政策ガイダンスを示し、資源のプライオリティ設定や配分を支援する。それとともに、インシデント・マネジメントに関して直接責務を担う人々だけでなく、公選・任命職や他組織の上級幹部の間での意思決定を行えるようにする。

Multiagency Coordination System［多機関調整システム］：NIMS の指揮および調整システム［ICS、EOC、MAC グループ／政策グループ、JIS］を包括する用語。

Mutual Aid Agreement or Assistance Agreement［相互扶助協定または援助協定］：機関／組織間または管轄において、要員、装備、物資、その他の関連サービスという形で援助を迅速に獲得するためのメカニズムを規定する目的で取り交わす文書または口頭による取り決め。主な目標は、インシデントの前後やその期間中において、急速かつ短期間での支援展開を促進することにある。

National［国家（的）］：国家規模の特徴を有するということを指しており、それには地方・州・部族・準州・連邦の統治および政策面が含まれる。

National Incident Management System［国家インシデント・マネジメント・システム］：政府のあらゆるレベル、NGO、民間セクターが協力してインシデントの影響を予防・防護・軽減・対応・復旧するように導く体系的で積極的なアプローチ。NIMS は、コミュニティ全体の関係者に共通化された用語・システム・プロセスを提供することにより、国家準備システムで示された能力を首尾良く実現する。そして、すべてのインシデント（日常的な事件から、連邦の組織的対応を必要とするインシデントに至るまで）を処理する一貫した基盤をもたらす。

National Planning Frameworks［国家計画立案フレームワーク］：5つの準備ミッション・エリアそれぞれに関するガイダンス文書で、どのようにコミュニティ全体が協力して国家準備目標を達成するかを示している。フレームワークは、消防署からホワイトハウスに至るまで、役割・責務に関する共通理解を促進するとともに、国家がいかに調整を行い、情報を共有し、協力するかを明確にしている。最終的には、より安全で強靭な国家へと導く。

National Preparedness［国家準備］：国家の安全にとって最大のリスクを課す脅威に対して予防・防護・影響の軽減・対応・復旧を行うのに必要な能力を構築・維持するため、計画・組織化・配備・訓練・演習を行うために講じる活動。

National Preparedness Goal［国家準備目標］：原因を問わず、テロ行為や緊急事態および災害など国家の安全にとって最大の脅威を課すタイプのインシデントに対してコミュニティ全体が備えるということはどのようなことを意味しているのか、ということ示すドクトリン。目標自体は「コミュニティ全体で、最大のリスクを課す脅威やハザードに対して予防・防護・軽減・対応・復旧を行うために必要な能力を備えた安全で強靭な国」である。

National Preparedness System［国家準備システム］：安全かつ強靭な国という国家準備目標を達成するために組織化されたプロセス。

National Response Coordination Center［国家対応調整センター］：FEMA本部にある多機関調整センター。そのスタッフは、壊滅的インシデントなどの大規模災害や緊急事態に関する連邦の支援全般や緊急事態管理プログラムの実施を調整する。

Nongovernmental Organization［非政府組織］：メンバー／個人／団体の利益に基づくグループ。NGOは政府により創設されたものではないが、政府と協力して作業する場合がある。NGOの例には、信仰ベースのグループ、救済機関、アクセスおよび機能上のニーズを伴う人々を支援する組織、動物福祉組織が含まれる。

Normal Operations/Steady State［通常オペレーション／定常状態］：管轄の状況に関して、定期的にモニタリングしていることを示すアクティベーション・レベル（予想されるイベントまたはインシデントがない）

Officer［担当官］：ICSにおいて、担当エリアに関連する決定を下して、措置をとることが認められた指揮スタッフのメンバーに対するICSのタイトル。

Operational Period［オペレーション期間］：IAPで定められている既定のオペレーション活動を実施するためにスケジュールされた時間。オペレーション期間の長さは様々だが、通常は12時間から24時間である。

Operational Security［オペレーション・セキュリティ］：インテリジェンス収集の情報源および手法、調査技術、戦術行動、対監視措置、対情報手法、潜入捜査官、協力証言者、情報提供者といった、機微にふれる、または機密扱いのオペレーションを守るための手続きおよび活動の実施。

Operations Section［オペレーション・セクション］：ICSにおいて、IAPで示される戦術的なインシデント・オペレーションの実施を担当するセクション。ICSでは、オペレーション・セクションは、配下のブランチ、ディビジョン、またはグループを含む場合がある。

Organization［組織］：類似の目標を持つ人々の団体またはグループ。例えば、政府の省庁、NGO、民間セクターの団体が含まれるが、それらに限定されるわけではない。

Plain Language［平易な言葉］：対象となる聴衆が理解でき、メッセージを伝える人の目的を充足するコミュニケーション。NIMSの目的上、平易な言葉とは、１つ以上の機関が参加するインシデントの間、必要に応じてコード・略語・専門用語の使用を回避または制限するコミュニケーション・スタイルのことをいう。

Planned Event（Event）［計画的イベント］：予定された非緊急の活動であるイシデ

ント（例えば、スポーツ・イベント、コンサート、パレード）。

Planning Meeting［計画立案会議］：インシデントの前やその期間中、必要に応じて、インシデント・コントロール・オペレーションや業務・支援計画の立案に関する具体的な戦略や戦術を選択するために開催される会議。

Planning Section［計画立案セクション］：ICS において、インシデントに関連するオペレーション情報を収集・評価・周知し、IAP の準備や文書化を担うセクション。また、このセクションでは、現在および予想される状況や、インシデントに配置された資源のステータスに関する情報の維持も行う。

Position Qualifications［ポジション資格］：個人が特定のポジションに就くために必要な最小限の基準。

Prevention［予防］：テロの脅威または実際のテロ行為の回避／予防／防止のために必要な能力。国家準備ガイダンスにおいて、「予防」という用語は差し迫った脅威の防止を指している。

Private Sector［民間セクター］：政府構造の一部ではない組織や個人のこと。民間セクターには、営利・非営利の組織、公式・非公式組織、商業、産業がある。

Protection［防護］：テロ行為や人為／自然災害に対して国土の安全を守るために必要な能力。

Protocol［プロトコル］：様々な特定条件下での行動に関して既定された一連のガイドライン（個人／チーム／機能／能力により指定）。

Public Information［広報］：インシデントの原因・規模・現況；関わっている資源；市民、対応従事者、追加の利害関係者（直接的・間接的に影響を受けている）向けのその他一般的な関心事に関して、タイムリーで正確かつアクセス可能な情報を伝達するプロセス・手続き・システム。

Public Information Officer［広報担当官］：ICS において、市民、メディア、またはインシデント関連の情報ニーズを持つその他の機関との調整を担当する指揮スタッフのメンバー。

Recovery［復旧］：インシデントの影響を受けたコミュニティが効果的に回復することを支援するために必要な能力。

Recovery Plan［復旧計画］：インシデントの影響を受けたエリアまたはコミュニティを回復させるための計画。

Recovery Support Function［復旧支援機能］：国家災害復旧フレームワークで概要が示されている援助の主要機能エリアに関して構造化したもの。様々な政府や民間セクターのパートナー組織の能力をグループ化して、災害発生前後の効果的な災害復旧を促進する。

Reimbursement［償還］：インシデント特有の活動のために消費された予算を埋め合わせるメカニズム。

Resource Management［資源管理］：すべての管轄レベルで利用可能な資源を特定し、インシデントに対する準備・対応・復旧のために必要とされる資源にタイムリーかつ効率的で、スムーズなアクセスを可能にするためのシステム。

Resource Team［資源チーム］：Strike Team［ストライク・チーム］を参照。

Resource Tracking［資源追跡］：関連組織出身のインシデント要員とスタッフ全員が、インシデント向けに発注／展開／配置した資源のロケーションやステータスに関する情報を維持するために使用するプロセス

Resources［資源］：インシデント・オペレーションへの配置や、そのステータス維持のために利用可能、またはその潜在性のある要員・装備・チーム・補給物資・施設のこと。資源は、種類やタイプによって類型化され、インシデントまたはEOC でのオペレーション支援ないし監督能力において使用することができる。

Response［対応］：インシデント発生後の人命救助、財産や環境の保護、ベーシック・ヒューマン・ニーズの充足に必要な能力。

Safety Officer［安全管理官］：ICSにおける指揮スタッフのメンバーで、インシデント・オペレーションのモニタリングを行うとともに、インシデント要員の健康や安全を含む業務上の安全に関わるあらゆる問題についてインシデント指揮官／統合コマンドに助言する責務を担う。安全管理官は、危険行為を防ぐために要員の作業を修正または停止させる。

Section［セクション］：インシデント・マネジメントの主要な機能エリア（例えば、オペレーション、計画立案、後方支援、財務／行政）に関して責務を担う ICS の組織要素。

Single Resource［単独資源］：インシデントで使用可能な個人、装備一式とその要員定数、または特定の作業監督者を伴うクルー／チーム。

Situation Report［状況レポート］：インシデントの具体的詳細に関して確認または検証された情報。

Span of Control［統制範囲］：監督者1名が担当する部下の数で、通常は監督者：部下の比率で表される。

Staging Area［集結エリア］：利用可能資源用の一時的な場所で、要員・補給物資・装備がオペレーション上の配置を待っている。

Standard Operating Procedure［標準業務手続き］：単独機能または複数の関連性のある機能を統一的な形で実施するための推奨方法に関して、目的・権限・期間・詳細を示す参考書、またはオペレーション・マニュアル。

State［州］：この文書においては、米国のすべての州、コロンビア特別区、プエルト・リコ、ヴァージン諸島、グアム、米領サモア、北マリアナ諸島、そして米国のあらゆる所領を含むものとして使用される。

Status Report［ステータス・レポート］：現場報告のようなレポートのことで、極め

て重要または時間的制約のある情報が含まれる。通常、ステータス・レポートは機能特化であり、状況レポートほど公式的なものではなく、必ずしも特定スケジュールに沿って発行されるものではない。

Strategy［戦略］：インシデント目標を達成するための一般的な行動指針ないし指示。

Strike Team［ストライク・チーム］：同じ種類およびタイプの資源が集合したもので、既定の最小限の要員、共通の通信、1名のリーダーで構成する。法執行コミュニティにおいて、ストライク・チームは資源チーム［resource teams］と呼ばれている。

Supervisor［スーパーバイザー］：ICS において、ディビジョンないしグループを担当する個人の職名。

System［システム］：特定の目的のために統合されたプロセス・施設・装備・要員・手続き・通信の組み合わせ。

Tactics［戦術］：目標を達成するためのインシデントへの資源の展開と監督。

Task Force［タスク・フォース］：特定のミッションまたはオペレーションで必要なものを支援するために集められた様々な種類／タイプの資源の組み合わせ。

Terrorism［テロリズム］：人命にとって危険である、または重要インフラにとって潜在的に破壊をもたらす行為を伴うあらゆる活動のことで、米国または米国のあらゆる州やその他の下位領域における刑法を侵害しているもの；市民を脅迫／強要すること、または脅し／強要によって政府の政策に影響を及ぼすこと、あるいは大量破壊／暗殺／誘拐によって政府の行動に影響を及ぼすことを意図していると思われるもの。

Threat［脅威］：生命、情報、オペレーション、環境、財産を害する潜在性がある、またはそれを示す自然ないし人為的な出来事／個人／団体／行動。

Tools［ツール］：タスクの専門的パフォーマンスを可能にする手段および能力のこと。例えば、情報システム・協定・ドクトリン・能力・法的権限など。

Type［タイプ］：特定種類の資源の能力を指す NIMS の資源分類で、指標を適用して特定の番号付きクラスとして指定する。

Unified Area Command［統合エリア・コマンド］：エリア・コマンドのもとにあるインシデントが複数の管轄にわたる時に設置されるコマンドのバージョン。エリア・コマンドを参照。

Unified Command［統合コマンド］：1つ以上の機関がインシデントの管轄を有する、またはインシデントが行政管轄をまたぐときに使用される ICS のアプリケーション。

Unit［ユニット］：ICS における計画立案、後方支援、財務／行政の各セクション内の具体的活動に関して機能上の責務を担う組織要素。

Unit Leader［ユニット・リーダー］: ICSのユニットを担当する個人。

United States National Grid［全米国家グリッド］: FEMAやその他のインシデント・マネジメント組織が、緯度／経度に代わる正確かつ迅速な手段として使用する地点およびエリア位置参照システム。

Unity of Command［指揮統一］: インシデント・マネジメントに関わる各個人が、1名の人物にのみ報告を行い、指示を受けるということを示す NIMS の指針。

Unity of Effort［取り組みの統一］: 協力や共通の利益を通じた調整に関する NIMS の指針。連邦省庁の監督／指揮／法的権限に抵触することはない。

Whole Community［コミュニティ全体］: 政府のあらゆるレベルが参加するとともに、NGO や一般市民を含む民間および非営利セクターの広範なプレイヤーがインシデント・マネジメント活動に参加できるようにすることを重視する。それにより、より良き調整や作業上の関係を助長する。

Ⅶ. 略語表

AHJ　Authority Having Jurisdiction　所管当局
ANSI　American National Standards Institute　全米規格協会
CFR　Code of Federal Regulations　連邦規則集
CPG　Comprehensive Preparedness Guide　包括的準備ガイド
DHS　Department of Homeland Security　国土安全保障省
DOC　Departmental Operations Center　部門オペレーションセンター
EAS　Emergency Alert System　緊急警報システム
EEI　Essential Elements of Information　情報主要素
EMAC　Emergency Management Assistance Compact　緊急事態管理援助協約
EMS　Emergency Medical Services　緊急医療サービス
EOC　Emergency Operations Center　緊急事態オペレーション・センター
ESF　Emergency Support Function　緊急事態支援機能
FBI　Federal Bureau of Investigation　連邦捜査局
FEMA　Federal Emergency Management Agency　連邦緊急事態管理庁
FIRESCOPE　Firefighting Resources of California Organized for Potential Emergencies　カリフォルニア潜在緊急事態用消防資源
GIS　Geographic/Geospatial Information Systems　地理／地理空間情報
HazMat　Hazardous Material　危険性物質
HHS　Health and Human Services　保健福祉省

IAP　Incident Action Plan　インシデント・アクション・プラン
ICP　Incident Command Post　インシデント指揮所
ICS　Incident Command System　インシデント・コマンド・システム
IMAT　Incident Management Assistance Team
インシデント・マネジメント補佐チーム
IMT　Incident Management Team　インシデント・マネジメント・チーム
IPAWS　Integrated Public Alert and Warning System
統合公共警報・警告システム
IRIS　Incident Resource Inventory System
インシデント用資源目録システム
ISM　Incident Support Model　インシデント支援モデル
IT　Information Technology　情報技術
JFO　Joint Field Office　統合現地オフィス
JIC　Joint Information Center　統合情報センター
JIS　Joint Information System　統合情報システム
MAC Group　Multiagency Coordination Group　多機関調整グループ
MACS　Multiagency Coordination System　多機関調整システム
NECP　National Emergency Communications Plan　国家緊急事態通信計画
NFPA　National Fire Protection Association　全米消防協会
NGO　Nongovernmental Organization　非政府組織
NIEM　National Information Exchange Model　国家情報交換モデル
NIIMS　National Interagency Incident Management System
国家多組織間インシデント・コマンド・マネジメント・システム
NIMS　National Incident Management System
国家インシデント・マネジメント・システム
NRCC　National Response Coordination Center　国家対応調整センター
NTAS　National Terrorism Advisory System　国家テロリズム諮問システム
NWCG　National Wildfire Coordinating Group　国家林野火災調整グループ
PETS Act　Pet Evacuation and Transportation Standards Act of 2006
2006年ペット避難および輸送に関する基準法
PIO　Public Information Officer　広報担当官
PKEMRA　Post-Katrina Emergency Management Reform Act of 2006
2006年ポスト・カトリーナ緊急事態管理改革法
PTB　Position Task Book　ポジション・タスク・ブック
Pub. L.　Public Law　公法
RSF　Recovery Support Function　復旧支援機能

RTLT　Resource Typing Library Tool　資源分類ライブラリー・ツール
SITREP　Situation Report　状況レポート
SOP　Standard Operating Procedure　標準業務手続き
THIRA　Threat and Hazard Identification and Risk Assessment
　脅威・ハザード特定＆リスク評価
USCG　United States Coast Guard　米国沿岸警備隊

Ⅷ．資　源

A．NIMS 補足文書

FEMA は、NIMS 実施を支援するためにこれまで様々な文書や資源を作成している。全情報は、http://www.fema.gov/national-incident-management-system にある。

1．要員資格証明に関するガイドライン

✵NIMS の要員資格証明に関するガイドラインは、国家的な資格証明基準を示すものであり、その基準の使用に関する書式でのガイダンスを提供している。この文書では、資格証明書の付与や類型化のプロセスを説明し、日常においても、また複数管轄の協調的対応を促進するためでも、政府のあらゆるレベルの緊急事態管理要員が使用するツールを特定している。

✵ https://www.fema.gov/resource-management-mutual-aid

2．ICS フォーム・ブックレット

✵NIMS の ICS フォーム・ブックレット（FEMA 502-2）は、インシデント業務期間中における ICS 使用やそれに伴う文書化に関して、緊急事態要員を補佐する。

✵ https://www.fema.gov/incident-command-system-resources

3．NIMS インテリジェンス・調査機能ガイダンス＆現地オペレーション・ガイド

✵ この文書は、様々な専門分野が NIMS のコンセプトや原則に準拠しながらインテリジェンス／調査機能を使用し、統合できるようにする方法のガイダンスを含んでいる。その情報は NIMS 実施者（インシデント指揮官／統合コマンドを含む）向けとなっており、指揮構造内におけるインテリジェンス／調査機能の配置を支援する；インテリジェンス／調査機能の実施に関するガイダンスを提供する；インテリジェンス・調査機能

ガイダンス＆現地オペレーション・ガイドが付属する［※ NIMS 原本のミスの可能性。当該ガイダンス文書（Oct. 2013）の p.1 では、"; and has an accompanying Intelligence/Investigations Function Field Operations Guide"「…情報／調査機能現地オペレーション・ガイドが付属する」となっている］。

✺ https://www.fema.gov/nims-doctrine-supporting-guides-tools

４．NIMS リソース・センター

✺ FEMA の NIMS ウェブサイトには、NIMS 実施に関する支援ガイドやツールのリンクがある。FEMA が新アイテムを作成すると、このウェブサイトに追加される。

✺ https://www.fema.gov/national-incident-management-system

５．NIMS トレーニング・プログラム

✺ 以前のトレーニング・ガイダンスである5カ年 NIMS 訓練プラグラム［Five-Year NIMS Training Program］に代わるものである。

✺ NIMS トレーニング・プログラムは、FEMA や関係者による NIMS トレーニングの作成・維持に関する責務および活動を明記している。同プログラムが示す責務と活動の概要は、2006年ポスト・カトリーナ緊急事態管理改革法（PKEMRA）に従い、国家トレーニング・プログラム［National Training Program］に沿ったものになっている。

✺ https://www.fema.gov/training-0

Ｂ．関連法

１．2002 年国土安全保障法［Homeland Security Act of 2002］

✺ 2002年国土安全保障法（Pub. L. 107-296）は、2002年11月25日に制定され、DHS を設立している。

✺ http://www.dhs.gov/homeland-security-act-2002

２．2006 年ペット避難および輸送に関する基準法［Pet Evacuation and Transportation Standards Act（PETS Act）of 2006］

✺ 2006年 PETS 法は、ロバート・T・スタフォード災害救助・緊急事態援

助法を改正し、FEMA 長官に対して、州および地方の緊急事態準備オペレーション計画が、大規模災害または緊急事態の事前・事後および期間中のペットや介助動物を持つ人のニーズに取り組んでいることを確認するよう求めている。そして、連邦機関が、大規模災害に起因する生命および財産への脅威に対応するために不可欠な援助として、ペット、介助動物を伴う人と当該ペットや動物を対象に救助・治療・シェルター・不可欠な必需品を提供することを認めている。

✵https://www.gpo.gov/fdsys/pkg/PLAW-109publ308/pdf/PLAW-109publ308.pdf

3．2006 年ポスト・カトリーナ緊急事態管理改革法（PKEMRA）
［Post-Katrina Emergency Management Reform Act（PKEMRA）of 2006］

✵PKEMRA は、2002年国土安全保障法を改正し、FEMA を DHS 内にとどめる一方で、緊急事態対応規定の大規模な改訂を行っている。PKEMRA は、FEMA を大幅に再編し、対応におけるギャップを是正するために多くの新しい権限を規定している。さらに、FEMA の準備ミッションの強化も含まれている。

✵https://www.gpo.gov/fdsys/pkg/PLAW-109publ295/pdf/PLAW-109publ295.pdf

4．ロバート・T・スタフォード災害救助・緊急事態援助法
［Robert T. Stafford Disaster Relief and Emergency Assistance Act］

✵ロバート・T・スタフォード災害救助・緊急事態援助法（Pub. L. 100-707）は、1988年11月23日に署名・成立したもので1974年災害救助法（Pub. L. 93-288）を改正している。同法は、連邦の災害対応活動の大部分、特に FEMA および FEMA のプログラムに関連する法的権限を構成している。

✵http://www.fema.gov/robert-t-stafford-disaster-relief-and-emergency-assistance-act-public- law-93-288-amended

5．2013 年サンディー復旧改良法
［Sandy Recovery Improvement Act of 2013］

✺ 2013年サンディー復旧改良法は、2013年1月29日に立法化され、ロバート・T・スタフォード災害救助・緊急事態援助法を改正している。同法は、(1) 連邦政府が当該援助を提供する際のコストの削減；(2) 援助行政の柔軟性の向上；(3) 州／部族／地方の各政府、または民間の非営利施設の所有者／管理者に対する援助提供の促進；(4) タイムリーで費用対効果の高いプロジェクトの達成を目的とした財政上の奨励・抑制策の提供、を目標に、FEMA が連邦の災害援助の提供方法を変更することを認めている。

✺ https://www.congress.gov/113/bills/hr219/BILLS-113hr219rds.pdf

C．追加の補足資料

1．包括的準備ガイド（CPG）101：緊急事態オペレーション計画の作成・維持　Version 2

［Comprehensive Preparedness Guide（CPG）101: Developing and Maintaining Emergency Operations Plans, Version 2］

✺ 2010年11月に公表された FEMA の CPG101, Version 2.0 は、計画立案の基本および緊急事態オペレーション・プランの作成に関するガイダンスを規定している。CPG101, Version 2.0 は、緊急事態や国土安全保障に係わる管理者が自らの管轄に潜在的に影響を及ぼす恐れのあるリスクに対してコミュニティ全体で取り組むことを促している。

✺ http://www.fema.gov/plan

2．CPG 201 脅威・ハザード特定＆リスク評価ガイド 第2版

［CPG 201, Threat and Hazard Identification and Risk Assessment Guide, Second Edition］

✺ 2013年に公表された CPG201 第2版は、脅威・ハザード特定＆リスク評価（THIRA）の実施に関するコミュニティ向けのガイダンスを規定している。同ガイドは、コミュニティ特有の脅威やハザードの特定、国家準備目標で特定された各中核能力に関する能力目標の設定、資源要件の見積りを行うための標準的プロセスを示している。

✺http://www.fema.gov/threat-and-hazard-identification-and-risk-assessment

３．緊急事態管理援助協約

［Emergency Management Assistance Compact］（EMAC）

✺ EMAC は、1996年に立法化（Pub. L.104-321）されたもので、知事による緊急事態宣言の間、迅速かつ簡潔なシステムを通じて援助を提供し、各州が他の州に要員・装備・日用品を送って災害救援事業を支援することを可能にする。また、EMAC を通じて、州は業務の移管を行うことが可能である。例えば、災害の影響を受けた研究所から診断用検体を別の州の研究所へ輸送するようなこともできる。

✺ http://www.emacweb.org/

４．インシデント用資源目録システム

［Incident Resource Inventory System］（IRIS）

✺ IRIS は、FEMA により提供される分散型ソフトウェア・ツールである。すべての機関・管轄・コミュニティは、彼ら独自のデータベース内に資源を登録し、インシデントのオペレーションや相互扶助の目的で具体的資源を検索／特定するための一貫したツールとして IRIS を使用することができる。

✺ https://www.fema.gov/resource-management-mutual-aid

５．国家緊急事態通信計画

［National Emergency Communications Plan］（NECP）

✺ NECP は、国家の緊急通信に関する戦略計画である。必要に応じて、かつ許可がある場合、すべての脅威やハザードに対して政府のあらゆるレベル・管轄・分野・組織にわたる通信や情報共有を促進するというものである。

✺ https://www.dhs.gov/national-emergency-communications-plan

６．国家情報交換モデル

［National Information Exchange Model］（NIEM）

✺NIEM は、コミュニティ主導の、標準規格に基づいた情報交換アプローチである。多様なコミュニティが NIEM を共同で使用することにより、効率性を高め、意思決定を向上させることができる。

✺ https://www.niem.gov

7．国家計画立案フレームワーク［National Planning Frameworks］

✹ 国家計画立案フレームワークは、各ミッション・エリアにひとつあり、コミュニティ全体が協力して国家準備目標を達成する方法を提示している。

✹ http://www.fema.gov/national-planning-frameworks

8．国家準備目標［National Preparedness Goal］

✹ 国家準備目標は、コミュニティ全体にとって、あらゆるタイプの災害および緊急事態に備えるということが何を意味しているのか、ということを定義している。目標自体は簡潔である：「コミュニティ全体で、最大のリスクを課す脅威やハザードに対して予防・防護・軽減・対応・復旧を行うために必要な能力を備えた安全で強靭な国」である。

✹ http://www.fema.gov/national-preparedness-goal

9．国家準備システム［National Preparedness System］

✹ 国家準備システムは、コミュニティ全体において、すべての人が自らの準備活動を推進し、国家準備目標を達成するための組織的プロセスの概要　を示している。

✹ http://www.fema.gov/national-preparedness-system

10．国家林野火災調整グループ
［National Wildfire Coordinating Group］（NWCG）

✹NWCG は、組織間の基準、ガイドライン、資格、訓練、その他の能力の作成、維持、伝達に関して国家的指導を行い、連邦および非連邦の団体間での相互運用オペレーションを可能にしている。NWCG の基準は、設計上、多組織間となっている。個々のメンバー団体がそれらを採用・使用するかどうかは自主的に決定し、それぞれの命令システムを通じて伝達する。

✹ http://www.nwcg.gov/

11．資源管理・相互扶助ガイダンス
［Resource Management and Mutual Aid Guidance］

✹ 資源管理のガイダンスやツールは、分類・目録作成・編成・追跡など一

貫した資源管理コンセプトの利用を支援し、インシデント前後やその期間中の資源派遣・展開・復旧を促進する。

✳ https://www.fema.gov/resource-management-mutual-aid

12. 資源分類ライブラリー・ツール

［Resource Typing Library Tool］（RTLT）

✳RTLT は、国家的な資源分類の定義や職名／職位資格のオンライン・カタログである。定義および職名／職位資格は、RTLT を通じて容易に検索・発見することができる。

✳ https://www.fema.gov/resource-management-mutual-aid

13. 米国沿岸警備隊

［United States Coast Guard］（USCG）

✳ 沿岸警備隊は、NIMS ガイダンスを広範囲にわたって使用し、NIMS の要素の適用に関して専門性を有している。USCG の取り組みは、流出事故や治安オペレーションでの ICS 利用を制度化することにより、NIMS 支持者の拡大に貢献してきた。

✳ http://www.uscg.mil/

14. 状況認識の向上および意思決定支援のためのソーシャルメディア活用

［Using Social Media for Enhanced Situational Awareness and Decision Support］

✳ 2014年6月に公表された報告書「状況認識向上および決定支援のためのソーシャルメディア利用」は、状況認識の向上およびオペレーション上の意思決定支援のために、組織がソーシャルメディアをどのように使用するかという事例に加え、課題や応用可能性も示している。

✳https://www.dhs.gov/publication/using-social-media-enhanced-situational-awareness- decision-support

Appendix A.
インシデント・コマンド・システム
［Incident Command System］

A. 目　的

この附則では、インシデント・コマンド・システム（ICS）に関する追加説明および実例を示している。ただし、ICSのトレーニングとは異なる。

ICSは、広範囲のインシデント（日常的なものから複雑なもの、自然発生や人為的なもの）に使用され、政府の全レベル（地方・州・部族・準州・島嶼地域・連邦）に加え、非政府組織（NGO）や民間セクターでも使用される。ICSは現地のインシデント・マネジメント活動と関連する施設・装備・要員・手続・通信を統合する。

ICSをインシデントに適用する際の重要なステップは：
- 必要に応じて、指揮の設立・移管を行う；
- 必要とされる組織要素を特定し、アクティベート［起動］する；
- 必要に応じて、権限を委任する；
- 必要に応じて、現地オペレーションを支援するためにインシデント施設を設立する；
- ICSの共通用語を使用して、組織要素、職名、施設、資源を確立する；
- インシデント目標を決定し、インシデント・アクション・プランの立案プロセスを開始する。口頭上の計画から書式のインシデント・アクション・プラン（IAP）に変換する

B. 本附則の構成

ICSの主な要素は、以下の10個のタブに整理される：
- Tab 1-ICSの組織
- Tab 2-オペレーション・セクション
- Tab 3-計画立案セクション

✺ Tab 4-後方支援セクション
✺ Tab 5-財務／行政セクション
✺ Tab 6-インテリジェンス／調査機能
✺ Tab 7-複数インシデントのマネジメント一元化
✺ Tab 8-インシデント・アクション・プランの立案
✺ Tab 9-ICS フォーム
✺ Tab10-インシデント指揮官／統合コマンド、指揮スタッフ、一般スタッフのポジションに関する主要機能

◎ ICS Tab 1-ICSの組織

１．機能別構造［Functional Structure］

ICS は、5つの主要な機能別エリアで構成され、必要に応じてスタッフが配置される。それらのエリアとは、指揮、オペレーション、計画立案、後方支援、財務／行政である。

２．モジュールの拡張［Modular Expansion］

ICS の組織構造は、モジュール式であり、インシデントの種類・規模・範囲・複雑性に対して必要なすべての要素を取り入れられるように拡張する。ICS 構造は、トップダウンで構築する；責任とパフォーマンスはインシデント・コマンドで始まる。一個人が主要な機能エリアすべてを同時に管理することができる場合、追加組織は必要ない。一つ以上の機能が独立した管理を必要とする場合、その機能に関する責任は個人に割り当てられる。

初動のインシデント指揮官は、管理可能な統制範囲を維持するとともに、必要となるインシデント・マネジメント機能に対して適切な配慮を行えるようにするため、どの指揮／一般スタッフのポジションにスタッフを配置するか決定する。インシデント指揮官は、必要に応じて指揮スタッフ担当官（例えば広報［PIO］、安全管理官、連絡調整官）や4人のセクション・チーフ（オペレーション、計画立案、後方支援、財務／行政）をアクティベート［起動］させる。さらに、これらのポジションにある要員は、必要に応じて彼らのエリアの管理権限を委任することが可能である。指揮スタッフは

アシスタントを任命することができ、セクション・チーフは代理およびアシスタントを任命することができる。セクションによっては、ブランチ／グループ／ディビジョン／ユニットを設置することができる。

インシデントでのモジュール拡張は、以下の考慮に基づいたものである：
- 履行されるべき機能またはタスクに合致する組織構造を作成する；
- タスクを遂行するために必要な組織要素にのみスタッフを配置する；
- 管理可能な統制範囲（span of control）を確保する；
- 非アクティベートのあらゆる組織要素の機能は、ひとつ上位のレベルで履行する；
- 必要とされなくなった組織要素は動員解除する

代理およびアシスタントを使用することは、組織構造にとっても、モジュール概念にとっても不可欠な要素である。インシデント指揮官は、同一または補佐の役割を果たす管轄／組織出身の代理を1名以上置くことができる。インシデント指揮官代理を指名する主な理由は、以下の通りである：
- インシデント指揮官が命じる特定のタスクを実施するため；
- 救助能力の指揮機能（例えば、次のオペレーション期間を引き継ぐ；この場合、その後は代理が主たる役割を担う）を実施するため；
- 将来、管轄を共有、または管轄を担うかもしれない補佐機関の代表を置くため

代理は、インシデント組織のセクションおよびブランチのレベルで使用される。代理は、指揮／セクション／ブランチのレベルであろうと、そのポジションを担う資格を有している。
アシスタントは、指揮スタッフで使用され、セクション・チーフを支援することになる。代理と異なり、アシスタントは主ポジションより下位の技術能力、資格、責任を有し、そのポジションを担うための資格を完全に有する必要はない。

参考として、表 A-1 は、ICS 組織の各部に割り当てられる典型的なタイトルに加え、対応する指導および支援ポジションのタイトルを示している。

表A-1 ICS組織

組織要素	指導ポジションのタイトル	支援ポジション
インシデント・コマンド(Incident Command)	インシデント指揮官(Incident Commander)	代理 (Deputy)
指揮スタッフ(Command Staff)	担当官 (Officer)	アシスタント(Assistant)
セクション (Section)	チーフ (Chief)	代理 (Deputy)、アシスタント(Assistant)
ブランチ (Branch)	ディレクター(Director)	代理 (Deputy)
ディビジョン (Divisions) ／グループ (Groups)	スーパーバイザー(Supervisors)	N/A
ユニット (Unit)	ユニット・リーダー(Unit Leader)	マネージャー(Manager)、コーディネーター(Coordinator)
ストライク・チーム(Strike Team)／タスク・フォース(Task Force)	リーダー(Leader)	単独資源のボス(Single Resource Boss)
単独資源(Single Resource)	ボス(Boss)、リーダー(Leader)	N/A
技術専門家(Technical Specialist)	専門家(Specialist)	N/A

3．指揮スタッフ [Command Staff]

ICS組織において、インシデント・コマンドは、インシデント指揮官と多様な指揮スタッフのポジションで構成される。指揮スタッフは、明確に指名され、インシデント指揮官に直接報告することになっている。一般スタッフの機能要素以外の主要な活動に関して責務が割り当てられる。通常、3名の指揮スタッフのポジションはICSで特定されている：PIO、安全管理官、連絡調整官である。インシデント指揮官は、インシデント（複数含む）の性質・範囲・複雑性・位置（複数含む）次第で、またはインシデント指揮官／統合コマンドが設ける特定ニーズに応じて、技術スペシャリストを追加の指揮アドバイザーとして任命することができる。

広報担当官［Public Information Officer］

PIO は、一般市民、メディア、その他のインシデント関連の情報ニーズを持つ管轄／組織との調整を担当する。PIO は、正確かつアクセス可能でタイムリーな情報を収集・検証・調整・周知する。インシデント関連情報の公表は、インシデント指揮官／統合コマンドが承認する。PIO は、稼働している他の統合情報システム（JIS）活動とをつなぐ現地での接点として機能する。そして、統合情報センター（JIC）に参加または指導することで、一般市民に提供される情報の一貫性を確保する。また、PIO は、メディアやその他の広報源をモニターして関連情報を集め、この情報を適切な現場要員、支援を担う緊急事態オペレーション・センター（EOC）、または多機関調整グループ（MAC グループ）に伝達する。

PIO は、風評管理対策、そしてインシデント関連のソーシャルメディアの投稿をモニター／更新することによって、広報モニタリング上での主要な役割を果たす。

コマンド構造が単独か統合されているかに関係なく、主席 PIO が指名される。PIO は、必要に応じてアシスタントを置く場合があり、インシデントに関わる他の機関／部門／組織が任命することができる。

安全管理官［Safety Officer］

安全管理官は、インシデント・オペレーションをモニターし、インシデント要員の健康や安全などオペレーション上の安全に関するあらゆることについて、インシデント指揮官／統合コマンドに助言を行う。最終的に、インシデント・マネジメントのオペレーションを安全に実施する責任は、インシデント指揮官／統合コマンドや、インシデント・マネジメント全レベルの管理職にある。一方で、安全管理官は、インシデント指揮官／統合コマンドに対して、有害環境の持続的な評価をできるようにするために必要なシステムや手続きに関して責任を担う。それには、インシデント安全計画の作成、多機関での安全事業の調整、さらにインシデント・オペレーションの総合的安全にとどまらずインシデント要員の安全を促す措置の実施も含まれる。これらの責務を実行するため、安全管理官は要員の生命および健康にとって即時に危害を及ぼすいかなる行動も修正／中断／終了させることができる。

統合コマンドの構造において、複数管轄／組織の関わりに関係なく、単独の安全管理官＊1が指名される。安全管理官は、オペレーション上の安全や緊急対応従事者の健康・安全問題に関して、すべてのセクション・チーフと密接な調整を行う。また、安全管理の機能や問題に関して、管轄、機能別機関、NGO や民間セクターにまたがって調整を行えるようにする。共同での安全管理事業に寄与する機関／組織／管轄は、自らのプログラム・政策・要員に関する個々のアイデンティティまたは責任を失うことはない。むしろ、各団体が包括的な取り組みに寄与することで、インシデント業務に関わるすべての要員を保護している。

より複雑なインシデントの場合、安全管理官は、1名以上の安全管理官アシスタントを任命して、複雑なインシデントのひとつにおいて特定のタスクを実施させたり、日々の機能を管理させたり、または将来管轄を共有する、あるいは管轄を担う可能性のある援助機関の代表にすることができる。また、安全管理官は、インシデントに関連する特定の技術セットまたは専門性を提供するアシスタントを任命することができる。要請する可能性のある安全管理官アシスタントの例としては、以下のものがある：

- CFR1910.120（危険廃棄物オペレーションおよび緊急対応）で示されている機能を実行する危険性物質（HazMat）担当安全管理官アシスタント
- 火災鎮圧オペレーションを監督する火災担当安全管理官アシスタント
- 食料の取り扱いや配布を監督する食料担当安全管理官アシスタント

図 A-1 は、インシデントにおいて HazMat、火災、食料担当の安全管理官アシスタントを組織に配置した場合を示している。また、安全管理官のアシスタントは、現地のディビジョンまたはグループに配置されることもある。

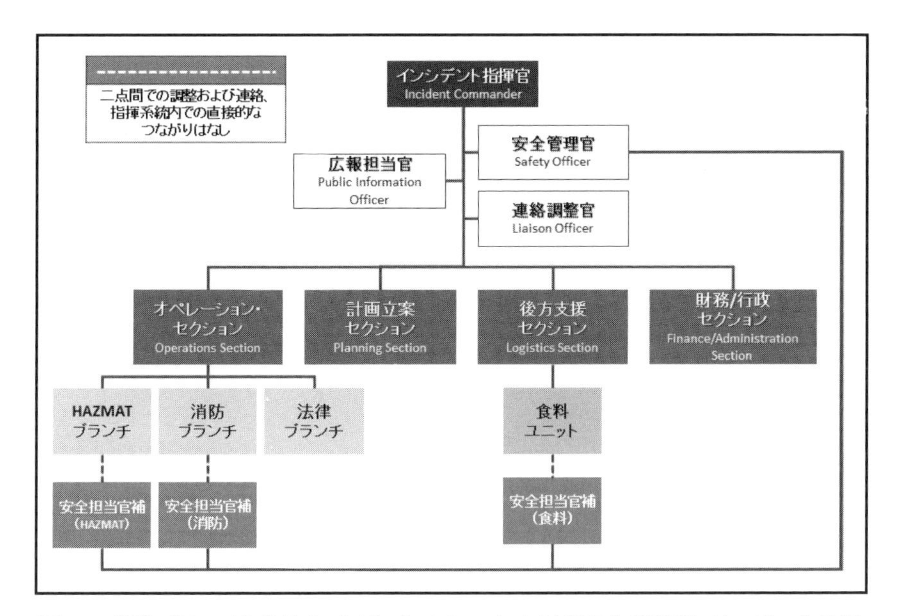

図A-1 複数ブランチを伴うインシデントでのICSにおける安全管理官アシスタントの例

連絡調整官 ［Liaison Officer］

連絡調整官は、インシデント要員と、対応で援助／協力する組織との間でやり取りされる情報や援助のパイプ役（conduit）である。インシデント・マネジメントに関する管轄／法的権限を持たない機関（例えば、他の政府組織、NGO、民間セクター組織）は、連絡調整官を通じて、政策、資源の利用可能性、その他インシデント関連の問題に関する情報を提供する。これらの組織は、機関代表を指名し、連絡調整官と直接調整する。

単独のインシデント指揮官であるか統合コマンドの構造であるかどうかに関係なく、援助／協力機関の代表は、連絡調整官を通じて調整を行う。インシデントに配置された機関代表は、彼らの親機関／組織の代理となる。インシデント・マネジメント活動に関わる他の機関／組織（公共または民間）の要員は、調整促進のために連絡調整官の下に配置される。

より複雑なインシデントの場合、連絡調整官は、同一機関または補佐機関出身のアシスタントを1名以上置くことができる。

指揮アドバイザー［Command Adviser］

インシデント指揮官／統合コマンドは、3名の指揮スタッフ担当官のポジションに加えて、技術専門家を指揮アドバイザーとして任命することを選べる。例えば、インシデント指揮官／統合コマンドは以下のようなものを任命することができる：

✺ 法律顧問。法的問題、例えば緊急事態宣言、避難および隔離命令、メディアのアクセスに係わる権利と制限に関連するようなものについて助言を行う；

✺ 医療アドバイザー：メディカル・ケア、急性ケア、長期ケア、行動医療サービス、大量死傷者、媒介昆虫制御（ベクター・コントロール）、疫学、集団予防のような広範囲に及ぶ分野に関して、インシデント・コマンドにガイダンスや勧告を行う；

✺ 科学技術アドバイザー：インシデント・オペレーションをモニターし、科学技術を計画立案や意思決定に組み込むことに関してインシデント・コマンドに助言を行う；

✺ アクセスおよび機能ニーズ担当のアドバイザー：影響を受けたエリアにおいて、様々な人々を対象とした通信・輸送・監督・基本的サービスに関する専門的知識を提供する

技術スペシャリストは組織のどこにでも配置することができ、この附則のICS Tab 3で詳述している。

◎ICS Tab 2–オペレーション・セクション［Operation Section］

オペレーション・セクションのスタッフは、戦術活動に責任があり、主として人命救助、即時ハザードの低減、財産・環境の保護、状況コントロールの確立、通常オペレーションの回復に重点的に取り組む。人命救助および対応従事者の安全は常に最大のプライオリティである。

オペレーション・セクションの責任と構成は、インシデントのタイプや複雑性に応じて変化する。オペレーション・セクションで協力する可能性

のある組織には、消防、法執行、公衆衛生、緊急医療サービス（EMS）、NGO、民間セクターが含まれる。状況に応じて、これらの組織はブランチ、ディビジョン、グループ、タスク・フォース、またはストライク・フォースに編成される場合がある。

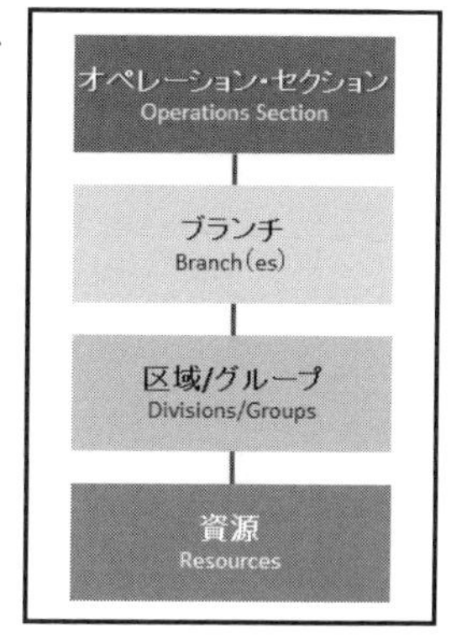

図A−2 オペレーション・セクションの主な組織要素

図 A-2 は、オペレーション・セクションの組織テンプレートを示している。ただし、構造配置は、いかなるインシデントにおいても、インシデントのニーズ、関連する管轄／組織、インシデント・マネジメントの取り組みに関する目標・戦術に応じて変化する。以下の説明では、インシデントにおいて戦術オペレーションを編成する様々な方法を示している。

1．オペレーション・セクションのチーフ

オペレーション・セクション・チーフは、戦術的なインシデント活動を管理し、IAP の実施を監督する。同セクション・チーフは、代理またはアシスタントを1名以上置くことができる。各オペレーション期間、同セクション・チーフは、次のオペレーション・セクション期間用の IAP 作成に関して直接責任を担う。

種々の課題に対応するため、オペレーション・セクション・チーフは同セクションのスタッフを様々な形で編成することができる。一部のケースでは、厳密な機能別アプローチが使用される。別のケースでは、地理／管轄の境界により組織構造を決定する。他方で、機能および地理的配慮を組み合わせたものが妥当な場合もある。ICS は、目下のインシデントの特殊状況に合わせて適切な構造的アプローチを決められる柔軟性をもたらす。

オペレーション・セクションの管理可能な統制範囲（Span of Control）の維持

オペレーション・セクション・チーフは、セクションを組織し、必要に

応じて下位の監督要員を配置することにより、管理可能な統制範囲を維持する。オペレーション・セクションを組織する種々のオプションは以下の通りである。

2．ブランチ（Branches）

ブランチは、以下で示すように、ディビジョン／グループが管理可能な統制範囲を超えたとき、オペレーション・セクション・チーフとディビジョン／グループの間に設置される。

地理別ブランチの構造

オペレーション・セクション・チーフは地理別のブランチを設立し、2つ以上のディビジョン、またはグループ化によって、オペレーション・セクションにおける管理可能な統制範囲を維持する。このように、地理別ブランチの境界は、各ブランチを構成するディビジョンを結合したエリアによって確定される。例えば、4つのディビジョンがオペレーション・セクション・チーフに報告していて、2つの追加ディビジョンが必要であり、すべてが緊密な監督を必要とする場合、2つのブランチが編成される（図A-3参照）。

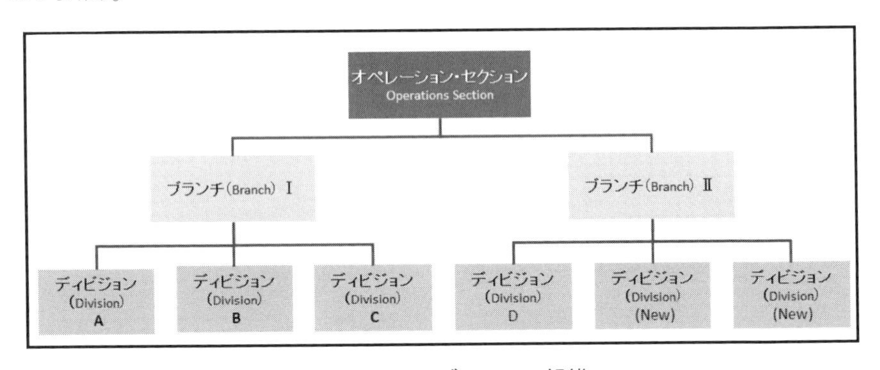

図A-3 地理別ブランチの組織

地理別ブランチの境界はインシデント・マップに描かれ、インシデント要員に明確に伝達される。

機能別ブランチの構造

以下の例は、機能別ブランチの構造を示している。地方の管轄で大規模な航空機事故が起きた場合、様々な分野（法執行、消防、EMS、公共事業、公衆衛生など）が、それぞれ機能別ブランチを持つことができ、単独のオペレーション・セクション・チーフの指示の下で活動する。この例（図 A-4 で提示）では、オペレーション・セクション・チーフは消防から出ており、法執行と EMS 出身の代理を伴っている。同セクション・チーフは、管轄の計画やインシデントのタイプに応じて、種々の機能別グループを中心に組織化することができる。

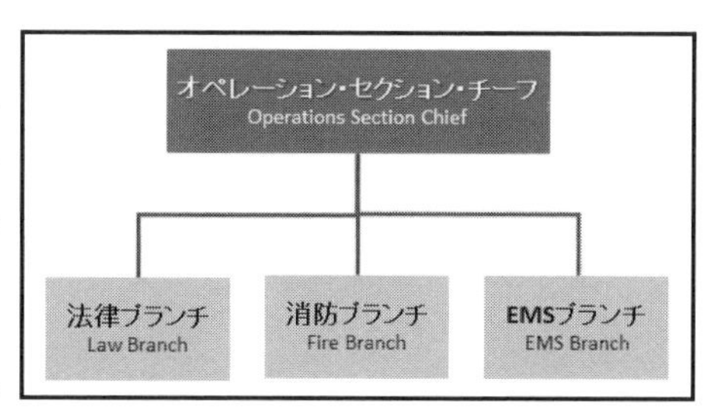

図A-4 機能別ブランチの構造

3. ディビジョン（Divisions）とグループ（Groups）

オペレーション・セクション・チーフは、資源の数が管理可能な統制範囲を超えたとき、ディビジョンおよびグループを設置する。ディビジョンは常に地理別配置に照らし合わせたものであり、グループは常に機能別配置に照らし合わせたものである。ディビジョンおよびグループの両方が単独のインシデントで使用されることもある。これらのオペレーションの成功には、適切な調整の維持が不可欠である。

ディビジョン

ディビジョンは、インシデント・エリア内におけるオペレーションの物理的または地理的エリアを区分する。政治的または自然地形の境界、あるいはその他の特出した地理的特徴、例えば河川／主要道路／高層ビル対応でのフロアーに照らして、ディビジョンを形成することができる。ブランチの境界と同様、ディビジョンの境界は、インシデント・マップに描かれ、インシデント要員に伝達される（図 A-5 参照）。

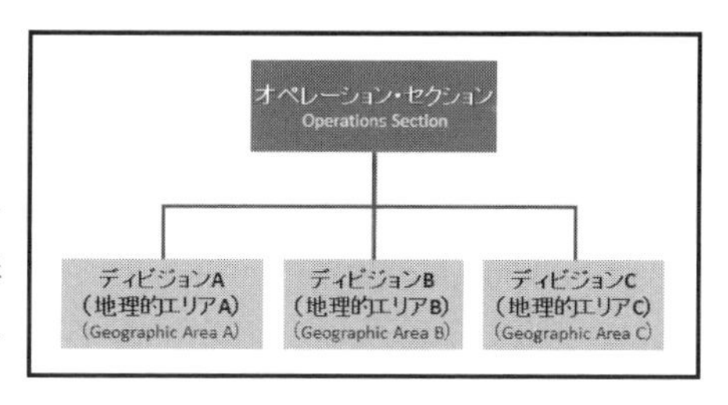

図A-5 地理区域の使用

機能別グループ

グループは、図 A-6 で示すように、類似の活動からなる機能エリア（例えば、レスキュー／避難／法執行／治療またはトリアージ）を示すために使用される。

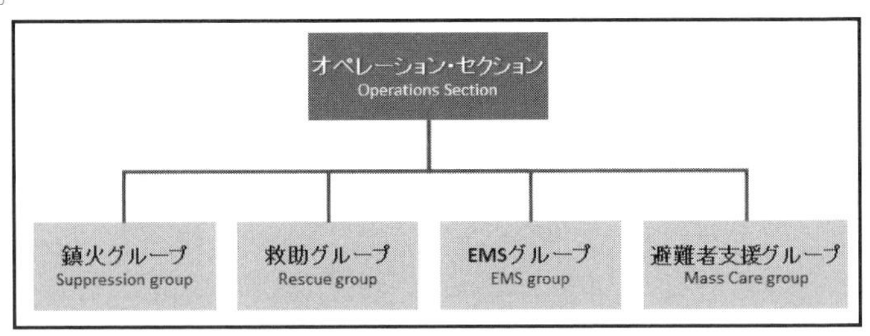

図A-6 機能的グループの使用

地理別ディビジョンと機能別グループの結合

オペレーション・セクション内にディビジョンとグループの両方を置くことができる。ディビジョンおよびグループの監督者は、同レベルの権限を持つ。例えば、ディビジョン A、B、C（地理的ロケーションに基づく）は、それらのロケーションにおいて特定タスク（例えば交通管理や排煙）のために配置された機能別グループと連携して作業を行うことができる。また、グループは、インシデントのあらゆる場所に配置可能であり、ディビジョンから独立または連携して作業を行うことができる。

4．資源の組織化

単独資源をタスク・フォースやストライク・チームに一元化することにより、監督者の統制範囲は縮小する。インシデントの規模や複雑さが増すのに応じて、タスク・フォースやストライク・チームは、ディビジョン／グループに編成されるのが一般的である。

単独資源［Single Resources］

資源は、例えば個人、または関連オペレーターを伴う装備単体のように、単独ベースで用いることができる。

タスク・フォース［Task Forces］

タスク・フォースは、様々な種類やタイプの資源を統合し、指定されたリーダーの下で特定のミッションを遂行する。1名のスーパーバイザーが複数の重要な資源要素を管理することが可能である。例えば、洪水の間、雨水管を開けるために公共事業タスク・フォースを設置する場合がある。そのタスク・フォースは、ダンプ・トラック、バックホー、ショベルと移動手段を持ったクルー5名の1組、タスクフォース・リーダー（例えば公共事業監督者）1名で構成することができる。

ストライク・チーム［Strjke Teams］

資源を統合するもう一つの手段がストライク・チームである。ストライク・チームは、指定されたリーダーの下で活動する一定数の同じ種類やタイプの資源で構成する。例えば、がれき除去ストライク・チームは、タイプ3のダンプ・トラック5台とストライク・チームのリーダー1名で構成する。法執行コミュニティにおいて、ストライク・チームは資源チームとして知られている。

5. 航空オペレーション・ブランチ［Air Operations Branch］

通常、単独のヘリコプターがインシデントで唯一の航空資産であるとき、オペレーション・セクション・チーフの直接管理下にある。航空オペレーションの複雑性により追加支援または空域管制（ヘリコプターや他の航空機の戦術・支援混合使用を含む）が伴うとき、同セクション・チーフは航空オペレーション・ブランチを設置する。航空オペレーション・ブランチは、航空資源の安全かつ効率的な使用の確保を助ける。図 A-7 は、航空オペレーションの典型的な組織構造を示している。

ヘリコプターや固定翼航空機がインシデントの空域で同時に活動しているとき、オペレーション・セクション・チーフは航空戦術グループ監督官を指名する。この人物が、ヘリコプター調整官や固定翼機調整官の補佐を受けて、すべての航空活動を調整する。

航空支援グループのスタッフは、ヘリコプター用の拠点の設置や運営を行い、インシデント外の固定翼機の拠点との連絡調整を維持する。航空支援グループ内のスタッフは、インシデントに配置された航空資源のすべての時間管理の責任を担っている。

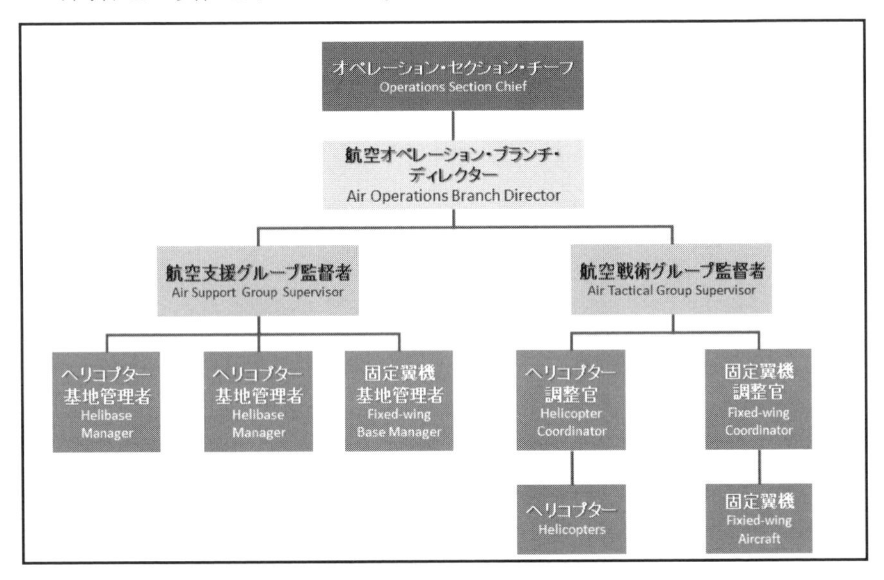

図A-7 航空オペレーションの組織

◎ICS Tab 3-計画立案セクション

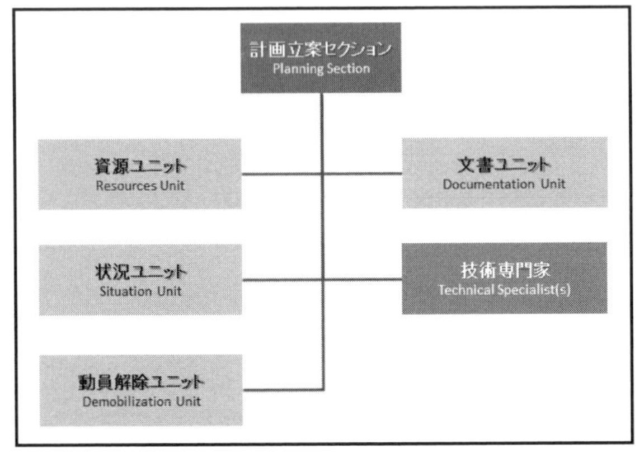

図A-8 計画立案セクションの組織

計画立案セクションのスタッフは、インシデントに関連するオペレーション情報の収集・評価・周知を行う。このセクションのスタッフは、現在および予想される状況とともに、インシデントに配置された資源のステータスに関する情報を保持する。IAP やインシデント・マップを準備し、インシデントにとって重要な情報を収集・周知する。

計画立案セクション・チーフは、4つの主要ユニット（図 A-8 で提示）を有する計画立案セクションを主導する。また、計画立案セクションには、技術スペシャリストを含めることができる。一般的に、スペシャリストは、特定エリアにおける専門知識を提供し、状況の評価や追加要員・装備のニーズ予想を補佐する。

1．計画立案セクションのチーフ

計画立案セクション・チーフは、インシデント関連のデータ収集を監督するとともに、インシデント・オペレーションや割り当て資源に関する分析を監督する。そして、インシデント・アクション・プランの立案会議を促進し、各オペレーション期間の IAP の準備を行う。通常、この人物は第一義的にインシデント上で責務を担う管轄／組織の出身者であり、他の参加する管轄／組織出身の代理を１名以上置くことができる。

2．資源ユニット［Resources Unit］

責　務

資源ユニットのスタッフは、インシデントに配置されたすべての資源のロケーションとステータスを追跡する。すべての割り当て資源がインシデントで確実にチェックインされるようにする。

資源ステータス

資源ユニットのスタッフは、継続的に資源ステータスを追跡し、インシデント期間中の資源を効果的に管理する。以下のステータス状況を利用して最新かつ正確な資源ステータス図を維持する：

✷ 配置（Assigned）：チェックイン済みで、インシデントでの作業タスクの割り当てが完了している資源
✷ 利用可能（Available）：インシデントに配置され、チェックインしており、ミッションへの割り当てに利用可能な資源。通常、ステージング・エリアで待機している
✷ 停止状態（Out of Service）：チェックインしているが、未配置で、技術上／休息／人事上の理由で割り当てできない資源

資源のステータスが変化したとき（例えば以前「停止状態」だったユニットが現在「利用可能」になっている）、ステータス変更を承認したユニット・リーダー／スーパーバイザーは即時に資源ユニット・リーダーに通知し、ステータス変更を文書記録する。

資源追跡［Resource Tracking］
資源ユニットはインシデントに配置される資源の追跡を行うが、後方支援セクションのスタッフはオーダー済みだがまだインシデントに到着していない資源の追跡を行う。

3．状況ユニット［Situation Unit］

状況ユニットのスタッフは、状況情報を収集・処理・組織化するとともに、状況概要を用意する。そして、インシデント関連の予測および見通しを作成する。彼らは IAP の情報を収集し、発信する。このユニットは、スケジュール通りに、または計画立案セクション・チーフまたはインシデント指揮官の要請で、状況レポート（SITREP）を作成する。状況ユニットには、地図を作成する地理／地理空間情報システム（GIS）スペシャリストやその他の技術スペシャリストを含めることがある。また、状況ユニットには、現場観測者が含まれ、インシデントまたは対応に関する情報の収集を行う。

4．文書ユニット［Documentation Unit］

文書ユニットのスタッフは、法律上、分析上、歴史上の目的から、インシデント解決のために行われた主要ステップの完全な記録を含むインシデント・ファイルやデータを保持する。さらに、インシデント要員向けの複写サービスの提供；IAP の蓄積・複製・配布；IAP や計画立案機能の一部として作成されたファイルや記録の保持を行う。

5．動員解除ユニット［Demobilization Unit］

動員解除ユニットのスタッフは、インシデント動員解除計画を作成する。それには、解除されるべき要員やその他の資源すべてに対する明確な指示が含まれる。インシデント初期に作業をはじめ、要員および資源の名簿を作成し、チェックインの進捗に合わせてあらゆる不明情報を入手する。インシデント指揮官／統合コマンドがインシデント動員解除計画を承認すると、同ユニットのスタッフは、必要に応じて、インシデントやその他の箇所で計画を配布していく。大規模インシデントの場合、動員解除計画は動態的なものであり、同ユニット内のスタッフは頻繁にそれを更新する必要がある。

6. 技術スペシャリスト［Technical Specialists］

ICSは多様なインシデントで機能することから、技術スペシャリストが必要となる。技術スペシャリストは、特殊な専門性や技術を有し、必要なときのみアクティベートされる。資格に関する詳細な事前規定はなく、通常は、日常業務で行うのと同じ責務をインシデント期間中も実施することになる。また、彼らの分野または専門団体において認定されているのが一般的である。

技術スペシャリストは、複雑性、統制範囲、連絡線、主たる専門知識などの要素に応じて、組織内部のあらゆる場所で役割を果たすことができる。ほとんどの場合、彼らのサービスが必要とされる特定のエリア（セクション、ブランチ、ディビジョン、グループ、ユニット）に配置される。指揮スタッフに配置された技術スペシャリストは、指揮アドバイザーと呼ばれる。場合によっては、人材プールというような形で計画立案セクション内の個別ユニットに配置され、様々な業務へ一時的に割り当てられる。

一般的に、短期間のみ専門性が必要で、一個人のみが関わる場合、その個人は状況ユニットに配置される。長期にわたり専門性が必要で、複数人を必要とする場合、計画立案セクションに技術ユニットが設置される。

技術スペシャリストの例
・障害者・特殊ニーズのアドバイザー（Access and functional needs advisor）
・農業スペシャリスト（Agricultural specialist）
・コミュニティ代表（Community representative）
・除染スペシャリスト（Decontamination specialist）
・環境影響スペシャリスト（Environmental impact specialist）
・疫学者（Epidemiologist）

・洪水管理スペシャリスト（Flood control specialist）
・保健物理技術者（Health physicist）
・産業衛生管理者（Industrial hygienist）
・インテリジェンス・スペシャリスト（Intelligence specialist）
・法律顧問（Legal advisor）
・行動健康スペシャリスト（Behavioral health specialist）
・気象学者（Meteorologist）
・科学技術アドバイザー（Science and technology advisor）
・薬剤師（Pharmacist）
・獣医（Veterinarian）
・毒物学者（Toxicologist）

◎ICS Tab 4-後方支援セクション［Logistics Section］

後方支援セクションのスタッフは、インシデントの支援ニーズすべてに備える。例えば、資源の発注や、インシデント要員への施設、輸送、補給物資、装備メンテナンスと給油、通信、さらに食料や医療サービスの提供などである。

後方支援セクションのチーフは、同セクションを主導し、時に1名以上の代理またはアシスタントを置く。インシデントが非常に大規模、または複数の施設／大量の装備を必要とするとき、同セクション・チーフは後方

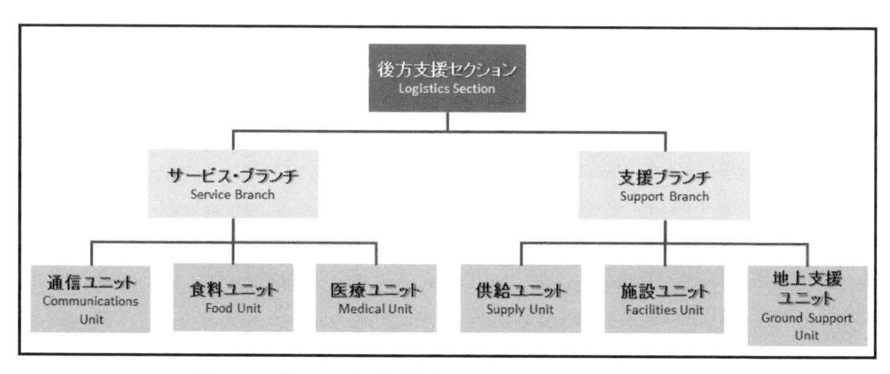

図A-9 ブランチ組織構造を持つ後方支援セクション

支援セクションを分割し、ブランチにすることができる。このことは、一層の効果的な監督やユニット間の調整によって管理可能な統制範囲を維持するのに役立つ。

図 A-9 は、サービスおよび支援ブランチを伴って編成された後方支援セクションの例を示している。

1．後方支援セクションのチーフ

後方支援セクションのチーフは、インシデント用の施設・サービス・人・物資の提供を担当する。IAP 作成に参加し、後方支援セクションのブランチ／ユニットを監督する。

2．補給ユニット［Supply Unit］

補給ユニットのスタッフは、インシデント関連すべての資源の発注・受領・プロセス・備蓄・在庫管理・配布を行う。

同ユニットのスタッフには、以下のものを入手することを含め、インシデント外部の発注すべてに関する責務を担う：

- 戦術および支援資源（要員含む）；
- 消耗および非消耗品

同ユニットのスタッフは、補給発注すべての受領・プロセス・保管・配布の支援を行う。ツールや携帯可能な非消耗装備の備蓄、配布、補修を含むツール・オペレーションを処理する。さらに、資源ニーズの見積りも補佐する。

3．施設ユニット［Facilities Unit］

施設ユニットのスタッフは、インシデント・オペレーションの支援で使用されるすべての施設の立ち上げ、維持、動員解除を行う。このスタッフは、インシデント支援のために必要とされる施設メンテナンスや法執行／保安サービスを提供する。

同ユニットのスタッフは、インシデント指揮所（ICP）、インシデント・ベース、キャンプ（インシデント・エリア内や周辺のトレーラーまたは別形態のシェルターを含む）を設置し、それらの施設維持を請け負う。このユニットのスタッフは、食事、就寝、衛生・シャワー、集結を含む要員支援施設を提供・維持する。

このユニットのスタッフは、補給ユニットを通じて携帯トイレ、シャワー施設、照明ユニットのような追加支援アイテムを発注する。

> **施設ユニット**
> 施設ユニットは、インシデント要員を支援する施設を提供する。生存者用の緊急シェルターの提供は、ロジスティクス・セクションではなく、オペレーション・セクションが担当する戦術活動である。

4. 地上支援ユニット［Ground Support Unit］

地上支援ユニットのスタッフは、インシデント・オペレーションの支援における地上輸送を提供する。彼らは、車両および移動式地上支援装備の維持・修理を行う。そして、インシデントに配置される地上装備すべての事前・事後の検査を行う。スタッフは、インシデントの移動装備に燃料補給を行い、インシデント交通プランを作成・実施する。

さらに、大規模インシデントの間、同ユニットのスタッフは、救急車のような戦術車両とは異なる要員輸送用の車両（例えば、車、バス、ピックアップ・トラック）の車両プールを維持する。また、地上支援ユニットに配置されている車両の位置とステータスに関する情報を、資源ユニットに提供する。

5. 通信ユニット［Communication Unit］

通信ユニットのスタッフは、通信装置を導入してテストするとともに、インシデント通信センターの監督・運営、インシデント要員に割り当てられる通信装置の分配・回復、現場の通信装置の維持・修理を行う。

ほとんどの複合的インシデントには、インシデント通信計画がある。通信ユニット内のスタッフは、この計画を作成する。同時に、無線周波数の割り当て；指揮用、戦術用、支援用、航空ユニット用の音声およびデータ・ネットワークの開設；現場電話およびパブリック・アドレス装置のセットアップ；必要なインシデント外部通信リンクの提供、に対して責任がある。

6. 食料ユニット［Food Unit］

食料ユニットのスタッフは、インシデントに配置された要員の食料および水分ニーズを判断するとともに、メニューの計画、食事の発注、調理施設の提供、食事の調理・提供、給食エリアの維持、食料保安・安全の管理を行う。

広範囲のインシデントでは、効率的な給食が特に重要となる。食料ユニットのスタッフは、インシデントのニーズ、例えば食事を提供する必要がある人数や、インシデントのタイプ・場所・複雑さにより特殊な食料ニーズがあるのかどうか、を予測する。全インシデント期間中、すべての遠隔地（例えばキャンプや集結エリア）を含め、ユニットのスタッフは栄養上の必要性を満たす食事を提供し、任務から離れることができないオペレーション要員に現場食料サービスを提供する。

入念な計画立案とモニタリングは、給食前・期間中の食品安全の確保を助ける。必要であれば、環境衛生および食品安全の専門性を持つ公衆衛生専門職の配置などを行う。

食料ユニット

食料ユニットは、インシデント作業員にのみ食料を提供する。インシデントの影響を受けた人々（例えば、避難者やシェルターの人々）の食事提供は、ロジスティックス・セクションではなく、オペレーション・セクションが担当する戦術活動である。

7. 医療ユニット［Medical Unit］

医療ユニットのスタッフは、インシデント要員の健康および医療サービスを提供する。これには、傷病インシデント要員の病院前・緊急医療ケア、メンタル・ヘルスケア、労働衛生支援、搬送の提供が含まれる。安全管理官と調整を行い、インシデント要員間での病気伝播の制御を支援する。

同ユニットのリーダーは、医療計画を作成し、それは IAP の一部となる。医療計画は、インシデント・ロケーションでの医療支援能力、現場から離れた医療支援施設、インシデント要員に関わる医療緊急事態の対処手続きに関する具体的情報を提供する。

同ユニットのスタッフは、必要に応じて、書面による認可、請求フォーム、証言書、医療行政文書、償還を取得するなど、傷病補償に関連する行政上のニーズについて財務／行政セクションを支援する。

医療ユニット

医療ユニットは、インシデント要員向けの医療サービスを提供する。インシデントの影響を受けた人々（例えば、避難者やシェルターの人々）向けの医療サービスの提供は、ロジスティックス・セクションではなく、オペレーション・セクションが担当する戦術活動である。

◎ICS Tab 5-財務／行政セクション［Finance/Administration Section］

インシデント指揮官／統合コマンドは、インシデント・マネジメント活動を支援するために現場の財政または行政サービスが必要となるとき、財務／行政セクションを設置する。一般的に、大規模または進化する状況では、複数ソースから相当な規模の資金調達を伴う。複数の財源を監督することに加えて、財務／行政セクション・チーフは、インシデントの進捗に応じて、インシデント指揮官／統合コマンドへの未払いコストの追跡を行い報告する。それにより、オペレーションにネガティブな影響が出る前に、インシデント指揮官／統合コマンドが追加予算の必要性を予測することが可能になる。これは、かなり多くのオペレーション資源が契約の下で提供されている場合、特に重要となる。

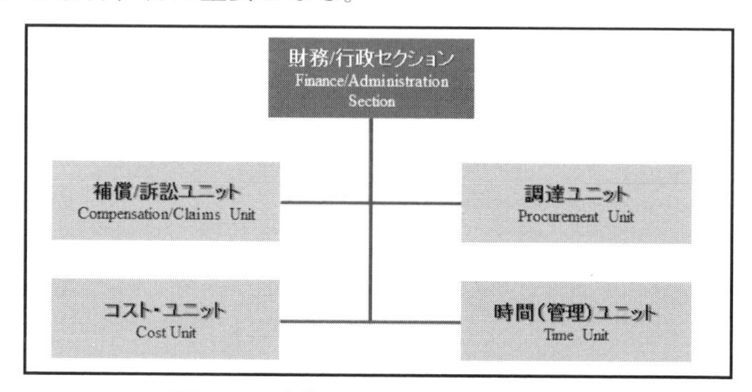

図A-10 財務／行政セクションの組織

図 A-10 は、財務／行政セクションの基本的な組織構造を示している。インシデント指揮官／統合コマンドがこのセクションを設立するとき、財務／行政セクション・チーフは、必要に応じて、これらのユニットにスタッフを配置する。

1．財務／行政セクションのチーフ ［Finance/Administration Section Chief］

財務／行政セクションのチーフは、歳出を監督し、適用する法律、政策、手続きが遵守されるようにする。計画立案セクションや後方支援セクションとの緊密な調整は、オペレーション記録と財政文書を両立させるために不可欠である。

同セクション・チーフは、（現在および予想される将来のニーズを考慮して）特定の配下ユニットの設立の必要性を決定する。財政機能の特殊性から、通常、セクション・チーフはこの支援に対して最大のニーズを持つ管轄／組織の出身者が就く。同セクション・チーフは1名以上の代理またはアシスタントを置くことができる。

2．補償・請求ユニット［Compensation and Claims Unit］

補償・請求ユニットは、インシデントでの物的損害、負傷または致死に起因する財政上の懸案事項を担当する。具体的な活動は、インシデントに応じて変化する。災害補償を扱うスタッフは、作業員の補償プログラムや地方機関によって必要なフォームすべてを確実に完成させる。また、通常、これらのスタッフは、インシデントに関連する負傷および疾患に関するファイルを維持し、書式の証言書を入手する。医療ユニットのスタッフもこれらの作業の一部を行う以上、医療ユニットと補償・請求ユニットは緊密な調整を行う必要がある。補償・請求ユニットのスタッフは、インシデントの財産に関わる民事上の不法行為賠償請求の調査を支援するとともに、請求に関するログの保持、証言書の入手、調査や機関のフォローアップ活動の文書化を行う。

3．コスト・ユニット［Cost Unit］

コスト・ユニットのスタッフは、コストの追跡、コスト・データの分析、見積り、コスト節約措置の勧告を行う。支払いが予想される装備・要員の正確な特定、コスト・データの入手・記録、インシデント・コストの見積もりの分析や準備を行えるようにする。同ユニットのスタッフは、資源利用のコスト見積りを計画立案セクションのスタッフに提供する。割り当て資源すべての実費に関する情報を保持する。

４．調達ユニット［Procurement Unit］

調達ユニットのスタッフは、リースやベンダーの契約に関する財政問題すべてを管理する。ユニット・スタッフは、地方の管轄と調整を行い、装備供給元の確認、装備のレンタル協定の用意・署名、装備のレンタル、供給契約に関連する文書化の処理を行う。

５．タイム・ユニット［Time Unit］

タイム・ユニットのスタッフは、関連機関の方針に従って、インシデント要員や装備の時間に関する日々の記録を行う。同ユニットのリーダーは、関係機関の関連政策に精通した要員からの支援を必要とする場合がある。同ユニットのスタッフは、これらの記録を検証し、正確性のチェックを行い、方針に従って掲示する。

◎ICS Tab 6-インテリジェンス／調査機能
［Intelligdnce/Investigations Function］

ICS内でのインテリジェンス／調査機能の目的は、インシデントの発生源または原因（例えば、集団感染、火災、複合的な組織的攻撃、サイバー・インシデント）を究明し、そのインパクトをコントロールする、または類似インシデントの発生防止に役立てることにある。これには、情報およびインテリジェンスの収集・分析・共有；インシデント・オペレーションへの情報付与による対応要員や一般市民の生命および安全の保護；ICS組織外部のカウンターパートとの連携による状況認識の改善、が含まれる。

通常、これらの機能は、オペレーションおよび計画立案セクションのスタッフによって実施される。しかし、重要度の高いインテリジェンス／調査作業を伴う、またはその可能性があるインシデントに関しては、インシデント指揮官／統合コマンドが複数の方法で ICS 組織内のインテリジェンス／調査機能の一元化を選ぶことができる。ICS 構造内でのインテリジェンス／調査機能の位置は、インシデントの性質、関連ないし想定されるインテリジェンス／調査活動のレベル、インテリジェンス／調査活動とその他のインシデント活動との関係性のような要素に依存している。インテリジェンス／調査機能を組み込む場所としては、計画立案セクションの一部、オペレーション・セクション内、指揮スタッフの内部、個別の一般スタッフ・セクションとして、またはこれらのロケーションのいくつかの組み合わせがありうる。図 A-11 は、インシデント指揮官／統合コマンドがインテリジェンス／調査機能の設置先として選択可能な様々なロケーションを示している。

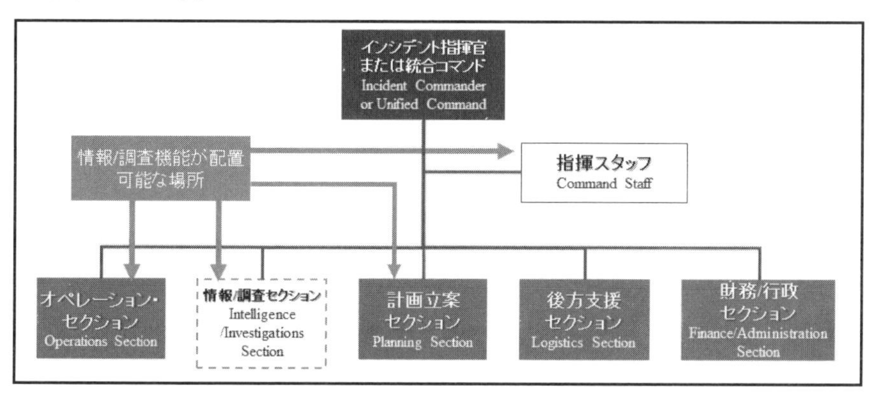

図A-11 インテリジェンス／調査機能の配置に関するオプション

1. 計画立案セクションにおけるインテリジェンス／調査機能

インテリジェンス／調査機能を計画立案セクションに統合すること（状況ユニットの一部として、または個別のインテリジェンス／調査ユニットとしても）は、セクションの通常の情報収集・分析能力を高める。それは、調査情報やインテリジェンスがインシデント・マネジメントのミッション全体に取り入れられるようにすることを助ける。インテリジェンス／調査スタッフは、計画立案セクションの情報管理資源やツールへのアクセスから恩恵を受ける。それとともに、計画立案セクションのスタッフは、合理化された情報共有、そして情報収集／調査要員の分析や技術専門性から恩恵を受ける。

2．オペレーション・セクションにおけるインテリジェンス／調査機能

通常、オペレーション・セクションは、複数組織の資源・能力・活動を複数のミッションと統合している。オペレーション・セクションのインテリジェンス／調査活動の一元化は、一組織内のすべてのインシデント・オペレーション（例えば法執行、消防、EMS、危険性物質対応、公衆衛生ほか）を統一する。このことは、すべてのインシデント活動がインシデント・アクション・プランの立案プロセス内に切れ目なく組み込まれ、確立されたインシデント目標やプライオリティに基づいて実施されるようにすることを助ける。この調整は、取り組みの統一、すべての資源の効果的利用、すべてのインシデント要員の安全・セキュリティを向上させる。

オペレーション・セクション内において、インテリジェンス／調査機能は、新たなブランチまたはグループとして配置されるか、既存のブランチまたはグループに統合されることがある。あるいは、新しいインテリジェンス／調査担当のオペレーション・セクション・チーフ代理のコントロール下に置かれることもある。

すべてのインデント同様、オペレーション・セクションの指導者は、インシデント活動のプライオリティを考慮する必要がある。テロ・インシデントなど集中的なインテリジェンス・調査活動を伴うインシデントのフェーズ中、インテリジェンス／調査要員がオペレーション・セクションの大半を占め、オペレーション・セクション・チーフやその他のセクションの指導ポジションを埋める形でセクションを主導するべきである。

3．指揮スタッフにおけるインテリジェンス／調査機能

インシデントにはインテリジェンス／調査の側面があるが、目下のところアクティブなインテリジェンス／調査オペレーションがないとき、インシデント指揮官／統合コマンドは指揮アドバイザーとしてインテリジェンス／調査要員を配置することができる。これらの技術スペシャリストは、彼らの親組織との連絡調整を行い、現場の指導者に技術専門性を提供する。インテリジェンス／調査機能を指揮スタッフに統合することは、インテリジェンス／調査要員がインシデント指揮官、統合コマンド、法律顧問、安全管理官、PIO のようなその他の指揮スタッフのメンバーとの即時かつ

コンスタントなアクセスを確保するのに役立つ。翻って、このことは、インシデントにあたる指導者たちがインシデント・マネジメントの決定や活動の影響、そして潜在的な二次的効果を確実に理解することを助ける。

4. 独立した一般スタッフ・セクションとしてのインテリジェンス／調査機能

インシデント指揮官／統合コマンドは、インシデントのインテリジェンス／調査面を、その他のインシデント・マネジメントのオペレーションや計画立案と別に管理する必要がある時、インテリジェンス／調査機能を一般スタッフのひとつのセクションとして設置することができる。これは、インシデントが実際または潜在的に犯罪／テロ活動と関連するとき、あるいは疫病調査のように多大な調査資源と関連するときに発生する可能性がある。

インテリジェンス／調査セクション・チーフは、同セクションを主導する。セクションには、調査オペレーション、行方不明者、インテリジェンス、大規模死亡者管理、科学捜査、調査支援のグループがある*2。

一般スタッフ・セクションとしてインテリジェンス／調査機能を設置することは、計画立案、オペレーション、後方支援の各セクションの責務と重複する可能性がある。インテリジェンス／調査機能セクション・チーフとその他の一般スタッフのメンバーは、インシデント指揮官／統合コマンドとともに見通しを示し、セクション間で必要なものが失われたり重複したりしないように緊密な調整を行うべきだ。

◎ICS Tab 7-複数インシデントのマネジメント一元化

大規模災害または同じエリアで複数の異なる災害が急速に発生する場合、その結果として、程度の差はあるものの独立して活動する複数のインシデント・コマンド組織が設置される可能性がある。ICSは、個別インシデントの管理を一元化するためのいくつかのオプションを提供する。これらのオプションは、以下で示すように、調整を高め、効率的な資源利用を促進する。

1．インシデント・コンプレックス［Incident Complex］：単独ICS組織内で管理される複数インシデント

インシデント・コンプレックスは、同じ一般エリア内にある2つ以上の個別インシデントが単独のインシデント指揮官／統合コマンドに配置されている時に存在する組織構造である。インシデント・コンプレックスが複数の個別インシデント上に設置されるとき、それまでに確認されたインシデントは、インシデント・コンプレックスのオペレーション・セクション内におけるブランチ、またはディビジョンになる。このように、各ブランチは、ディビジョンまたはグループを設立する柔軟性を有する。さらに、ディビジョンやグループがすでに各インシデントに設置されている時、同じ基本構造を広めることができる。もしインシデント・コンプレックス内のインシデントのいずれかが大規模化する潜在性がある場合、それを独自のICS組織を持つ個別インシデントとして設定するのが最善である。

以下の例は、インシデント・コンプレックスが適当であると思われる時である：

✺ 林野火災、地震、トルネード、洪水、またはその他の状況で、多くの個別インシデントが近接して発生するような災害；
✺ 複数の類似したインシデントが互いに近接して発生する；
✺ インシデント・マネジメント・チーム（IMT）が配置される進行中のインシデントで、同じエリア内でその他の小規模インシデントが発生している

インシデント・コンプレックスの使用に関して追加で考慮することは、以下の通りである。

✺ インシデント・コンプレックスを構成するインシデントに対して、単独の指揮・一般スタッフがオペレーション、計画立案、後方支援、財務／行政の活動を十分に提供することができる；
✺ 管理一元化のアプローチが、スタッフまたは後方支援上の節約を実現する可能性がある

2．エリア・コマンド［Area Command］

エリア・コマンドは、複数インシデントの管理・支援を監督するため、

または複数の ICS 組織を伴う大規模ないし進化するインシデントの管理を監督するために設置される。

エリア・コマンドの責務

エリア・コマンドにオペレーション上の責務はないが、インシデント間での希少資源の使用に関するプライオリティ付けを行う。さらに、エリア・コマンドは：

- ✵ 影響を受けたエリア（複数含む）の広範な目標を作成する；
- ✵ 個々のインシデントの目標および戦略の作成を調整する；
- ✵ プライオリティの変化に応じて資源を配分する；
- ✵ インシデントが適切に管理されるようにする；
- ✵ 効果的な通信を確保する；
- ✵ インシデント・マネジメントの目標が満たされ、相互に、または機関の政策と対立しないようにする；
- ✵ 重要な資源ニーズを特定し、EOC または MAC グループに報告する；
- ✵ 復旧面を伴うインシデントに関しては、短期復旧が完全な復旧オペレーションへの移管の支援となるように調整を行う

エリア・コマンドの組織

エリア・コマンドの組織は、ICS と同じ基本原則の下で活動する。通常、エリア・コマンドは、以下の主要な要員で構成される：

- ✵ エリア指揮官（統合エリア・コマンド）：割り当てられたインシデントに関する包括的指示を担当する。この責務には、対立を解消するとともに、インシデント目標を確立し、さらに希少資源の使用のために戦略が選択することが含まれる。エリア指揮官は、地方、州、部族、準州、連邦の省庁、さらに NGO やその他の民間セクターの部隊［Elements］とも調整を行う
- ✵ エリア指揮官補佐－後方支援：（エリア・コマンドを支援するために必要とされる資源発注によって）エリア・コマンドのレベルで施設・サービス・物資を提供し、インシデント間での希少資源や補給物資効果的な配分を実施する
- ✵ エリア指揮官補佐－計画立案：様々なインシデントから情報を収集し、希少資源配分に関するインシデントの目標・戦略・プライオリティを形

成する際の潜在的対立を評価・判断する
✺ エリア・コマンド航空調整官：複数のインシデントにおける航空資源が共通の空域および希少資源で競合する時に配置される。役割としては、インシデント航空組織と調整作業を行うとともに、潜在的な対立の評価、共通の空域管理手続きの作成、航空安全の確保、そしてエリア・コマンドのプライオリティに照らした希少資源の配分を行う
✺ エリア・コマンド支援ポジション：必要に応じてアクティベートされる：
— 資源ユニット・リーダー：エリア指揮官補佐（計画立案担当）の下で各インシデントに配置された希少資源のステータスおよび利用可能性を追跡・維持する
— 状況ユニット・リーダー：エリア・コマンドに割り当てられた各インシデントの目標ステータスを監視する
— PIO：インシデント・ロケーション間の調整を行い、メディアのエリア・コマンドに対する要求の連絡窓口として活動する
— 連絡調整官：インシデント外部の組織間連絡や調整の維持を支援する

エリア・コマンドの場所

エリア・コマンドを配置するためのガイドラインは、以下の通りである：
✺ インシデントに近いところで、オペレーションを促進し、かつエリア指揮官およびインシデント指揮官／統合コマンドが会合したり、その他の方法で相互連絡することを容易にするために必要とされる距離に形成される；
✺ ICP 活動との混乱を避けるため、個々の ICP と同じ所に設置されるべきではない；
✺ 下位のインシデントに加え、EOC や MAC グループとの効果的かつ効率的な通信や調整を考慮する必要がある；
✺ エリア・コマンドのスタッフすべてを収容するのに十分な大きさの施設に入る。また、エリア・コマンドのスタッフ、インシデント指揮官／統合コマンド、機関の代表／幹部だけでなく、メディア代表との会合にも対応可能なものにする必要がある

エリア・コマンドの報告関係

エリア・コマンドが複数のインシデント・マネジメント活動の調整に関

わるとき、以下の報告関係が適用される：
✺ エリア・コマンドの下でインシデントを担当するインシデント指揮官達は、エリア指揮官に報告を行う；
✺ エリア指揮官は機関／複数機関組織、または管轄の幹部（複数含む）／管理者（複数含む）に説明する義務がある；
✺ もしエリア・コマンド内にある1つ以上のインシデントが複数管轄にわたる場合、統合エリア・コマンドが設置される

◎ICS Tab 8-インシデント・アクション・プランの立案

インシデント・アクション・プランの立案プロセスと IAP は、インシデント・マネジメントの中核をなしている。インシデント・アクション・プランの立案プロセスは、オペレーションの同調を助け、インシデント目標の支援を実現する。インシデント・アクション・プランの立案は、IAP を生み出して、フォームを完成させる以上のこと、すなわちインシデント・マネジメントに一貫したリズムと構造をもたらすものである。

インシデントを管理する要員は、各オペレーション期間の IAP を作成する。簡潔な IAP テンプレートは、初期のインシデント・マネジメントの決定プロセスや、引き続き行われる集団的な計画立案の活動をガイドするために不可欠である。IAP は、インシデント上にいる指導者達が彼らの予想を伝え、インシデント・マネジメントを行う人々に明確なガイダンスを提示する手段である。IAP は：
✺ インシデント要員に対してオペレーション期間のインシデント目標、適用される具体的な資源、オペレーション期間中に目標を達成するためにとられる行動、その他のオペレーション情報（例えば、天気、制約、制限など）を伝える；
✺ パートナー、EOC スタッフ、MAC グループのメンバーに対して、次のオペレーション期間用に計画された目標や業務活動に関する情報を伝える；
✺ 作業割り当てを特定し、オペレーション期間中のオペレーションに関するロードマップを提供する。それにより、各々がそれぞれの取り組みがオペレーションの成功にどのような影響を及ぼすのかを各個に理解する

ことを助ける；
✺ 個別の監督要員や様々なオペレーション部隊［Elements］がどのように組織に適合するかを示す；
✺ 多くの場合、オペレーション期間中の重要会議やブリーフィングのスケジュールを示す

1．インシデント・アクション・プランの立案プロセス

IAP は、明確な方向性を示すとともに、目標を達成するために必要とされる戦術・資源・支援に関する包括的リストが含まれる。そのプロセスにおいて様々なステップが順次実施され、包括的な IAP の確保を助ける。これらのステップは、所定の時間内での目標達成を支援する。

IAP の作成は循環プロセスであり、要員はオペレーション期間毎に計画立案のステップを繰り返す。計画立案会議の時点で、要員は入手可能な最善の情報を使用して IAP を作成する。要員は、将来入ってくる情報を当てにして計画立案会議を遅らせるべきではない。

通常、インシデント指揮官は、インシデント・マネジメントの初期段階の間に、シンプルな計画を作成し、簡潔な口頭ブリーフィングを通じて計画を伝達する。インシデントの初期段階では、状況が混沌としている可能性があり、状況認識が困難である。ゆえに、多くの場合、インシデント指揮官は、この初期計画を極めて迅速に、不完全な状況情報のもとで作成する。インシデント・マネジメントの取り組みが進むにつれて、追加のリードタイム、スタッフ、情報システム、技術によって詳細な計画立案を行う。それとともに、イベントや得られた教訓の目録を作成することが可能になる。計画立案プロセスのステップは、現場で初期の戦術を決定する初動対応者にとっても、公式の文書化された IAP を作成する要員にとっても、基本的に同じである。

2．プランニング「Ｐ」［Planning “P”］

多くのインシデント・マネジメント組織は、既定の会議や提出物を用いた公式の計画立案サイクルを使用している。それにより、計画立案プロセ

図A-12 オペレーション期間の計画立案サイクル［Planning Cycle］

スを通して進捗を示し、チーム全体の調整を可能する。プランニング P は、図 A-12 で示すように、インシデント・アクション・プランの立案サイクルを構成する一連の会議、作業期間、ブリーフィングとそれらの関係性をグラフィック化したものである。訓練や運用補助として別バージョンのプランニング P を使用する場合がある。

「P」の足部分は、インシデントの初期段階、つまり要員が状況認識を得るために作業し、インシデント・マネジメント用の組織を設立する時点を示している。インシデント要員が「P」の足部分でのステップを実施するのは 1 回のみである。それらが一度達成されると、インシデント・マネジメントは、計画立案およびオペレーションのサイクルに移行し、持続的な状況認識による情報を受けて各オペレーション期間を繰り返す。

初期対応および評価

インシデント現場に最初に到着した対応従事者は、初期評価を実施し、適切かつ実行可能であれば、あらゆる緊急対応措置を講じる。状況認識を獲得・維持するためには、初期評価または迅速な評価が不可欠である。それにより、インシデント指揮官は、追加資源の要請を行う、または初期戦術の支援・作成・実施が可能になる。管轄の担当者は、初期の評価に基づき、EOC のアクティベートを決定する場合がある。

機関管理者［Agency Administrator］ブリーフィング

機関管理者ブリーフィングは、インシデントを管理または支援するであろう要員向けのプレゼンテーションであり、インシデントの影響を受けた管轄／機関／組織の管理者またはその他の上級職が行う。このブリーフィングが発生するのは、インシデント指揮官／統合コマンドが、彼らの通常の責任外の職務を担うとき、または配置される予定のインシデントを管理する権限のない組織／管轄エリアの出身者のときである。そのようなケースにおいては、ブリーフィングを通じて、管轄／機関／組織が通常インシデント指揮官／統合コマンドに提供する権限委任、またはその他の文書に関する詳細な補足説明を提供する。

ブリーフィングの間、機関管理者または被指名者は、インシデント・マネジメント成功のために必要な情報、ガイダンス、指示（プライオリティや制約を含む）を提供する。ブリーフィングの意図は、インシデントやそのロケーションに関する環境・社会・政治・経済・文化問題といったものに関して、管轄／機関／組織やインシデント要員の間での共通理解を確保することにある。

インシデント・ブリーフィング［Incident Briefing］

インシデント・ブリーフィングは、事後対応から率先したインシデント・マネジメントへの転換の象徴となる。通常、初期の対応従事者（複数含む）は、次に来るインシデント指揮官／統合コマンドに対してブリーフィングを行う。この会議により、次のインシデント指揮官／統合コマンドは、次のオペレーション期間のための計画立案を始めることが可能になる。

初期統合コマンド会議［Initial Unified Command Meeting］

統合コマンドがインシデントを管理している場合、初期統合コマンド会議により、統合コマンドのメンバーは、非公式に会合して各管轄／組織のプライオリティや目標に加え、限界・懸念・制限について議論することができる。通常、初期統合コマンド会議の期間中に、統合コマンドのメンバーが初期の統合インシデント目標を作成することにより、次のステップに達する。

目標作成／更新

インシデント指揮官／統合コマンドは、初期オペレーション期間向けのインシデント目標を形成する。初期オペレーション期間のあと、彼らはインシデント目標を検討して、それらの正当性を確認、修正、または新たな目標を作成することができる。

インシデント目標は、インシデントのプライオリティやその他の要件に基づいている。プライオリティや目標の明確な伝達は、インシデント要員間の取り組みの統一を支援し、適切な戦略や戦術の作成を可能にする。チームのメンバーが、指示の背後にある意図を明確に理解するとき、彼らは決意を持って行動し、正しい判断を行う態勢が整う。

戦略会議［Staff Meeting］／指揮・一般スタッフ会議［Command and General Staff Meeting］

通常、インシデント目標を作成または改定した後、インシデント指揮官／統合コマンドは、指揮スタッフや一般スタッフと、時にはその他の人々と会議を開き、インシデント目標に関する議論・指示を行う。この会議は戦略会議または指揮・一般スタッフ会議［Command and General Staff Meeting］と呼ばれ、インシデント目標を満たす最善の方法を決定するために随時開催される。

初期の戦略会議は、計画立案サイクルの最初に開催されるもので、特に重要である。というのも、それによりチーム・メンバーが情報を共有し、対応オペレーションの初期アプローチを共同で決定できるようになるからである。初期の戦略会議には、初動のインシデント指揮官や機関管理者の代表を含むことがある。

戦術会議の準備

インシデント目標の達成、または達成に向けた作業のアプローチが確定すると、オペレーション・セクション・チーフとスタッフは、オペレーション期間中に適用される戦術の作成および資源の決定によって戦術会議を準備する。

戦術会議［Tactics Meeting］

戦術会議は、オペレーション・セクションのスタッフによって提案された戦術を主要プレイヤーが検討し、資源配置に関して計画立案を行うフォーラムである。オペレーション・セクション・チーフが戦術会議を主導する。主要参加者には、後方支援セクション・チーフ、安全管理官、計画立案セクションの代表（通常は資源ユニットのリーダー）が含まれる。オペレーション・セクション・チーフ／後方支援セクション・チーフ／安全管理官により、その他の技術スペシャリスト／チーム・メンバーが招待される。チームは、ICS フォーム 215：オペレーション計画立案ワークシートや215A：インシデント・アクション・プラン安全分析を使用することにより、会議中における決定を支援し、文書化していく。

計画立案会議の準備

戦術会議に続き、計画立案会議の準備に着手する。戦術会議や計画立案会議との間に、チーム・メンバーは、協力して支援ニーズを特定し、オペレーション計画を達成するために具体的な運用資源を割り当てていく。

計画立案会議［Planning Meeting］

計画立案会議は、戦術会議中とその後に作成されたオペレーション計画や資源配置の最終検討・承認を行う。理想としては、計画立案会議にサプライズはなく、指揮スタッフや一般スタッフが連携して作成・合意した計画のレビューのみを行う。計画立案会議の最後に、指揮スタッフや一般スタッフ、その他の関係機関職員は、彼らがその計画を支援可能か確認する。

表 A-2 は、IAP に含まれる各フォームの完成を担当する部隊［Elements］のリストである。

表A-2　IAPと典型的な添付書類

構成文書	通常ICSによって用意
インシデント目標（ICSフォーム202）	インシデント指揮官／統合コマンド
組織配置リストまたは図（ICSフォーム203, 207）	資源ユニット
任務リスト（ICSフォーム204）	資源ユニット
インシデント無線通信計画（ICSフォーム205）または通信リスト（ICSフォーム205A）	通信ユニット
医療プラン（ICSフォーム206）	医療ユニット
インシデント・マップ	状況ユニット
一般的安全メッセージ／現場安全計画（ICSフォーム208）	安全管理官
その他の潜在的な構成文書	**（インシデントに依存）**
航空オペレーション概要	航空オペレーション
交通計画	地上支援ユニット
除染計画	技術スペシャリスト
廃棄物管理または処理計画	技術スペシャリスト
動員解除／活動停止計画	動員解除ユニット
現場安全計画	法執行、技術スペシャリスト、またはセキュリティ・マネージャー
調査計画	インテリジェンス／調査機能
避難計画	必要に応じて
会議スケジュール（ICSフォーム203）	状況ユニット
シェルター避難／マス・ケア（被災者支援）［Mass Care］計画	必要に応じて
その他（必要な場合）	必要に応じて

IAPの準備および承認

計画立案会議の最終段階で、全部隊［Elements］からの同意に基づき、インシデント指揮官／統合コマンドは計画を承認する。この最終承認後、計画立案セクションのスタッフは計画を取りまとめて、オペレーション期間のブリーフィングで使える状態にしておく。

書式の IAP は、一連の標準フォームと支援文書で構成され、オペレーション期間におけるインシデント指揮官／統合コマンドやオペレーション・セクション・チーフの意図を伝達する。インシデント指揮官／統合コマンドは、どの ICS フォームや添付書類が IAP に含まれるかを決定する；計画立案セクション・チーフは、適切なセクション、ブランチ、ユニット内のスタッフがフォームと添付書類を用意できるようにする。インシデント指揮官／統合コマンドは、計画立案セクションのスタッフが IAP 文書を複製して周知する前に最終承認を行う。IAP は電子的、ハードコピー、またはその両方で配布することができる。

オペレーション期間のブリーフィング

オペレーションの各期間は、オペレーション期間ブリーフィングで始まる。インシデントの監督および戦術要員は、ブリーフィングの間に IAP を受け取る。このブリーフィングの間、指揮スタッフや一般スタッフの様々なメンバーがインシデント目標を提示し、現状を検討し、通信または安全に関する情報の共有を行う。オペレーション期間ブリーフィングの後、スーパーバイザーは、配置された要員に対し、IAP の文書に沿ってそれぞれの任務の概要を説明する。比較的長期のオペレーション期間では、シフト変更のブリーフィングをオペレーション期間内に行う場合がある。

◎ICS Tab 9–ICSフォーム

このセクションでは、一般的な ICS フォームについて説明する。フォーマットおよび内容は柔軟であるが、フォーム番号や目的（例えば、ICS フォーム 204：任務リストはディビジョン／グループの任務を明確にする）は原型を維持すべきである。それにより、一貫性を維持するとともに、迅速な特定や相互運用を促進し、それらの利用を簡素化する*3。

すべての ICS が IAP に含まれることはない；いくつかはその他の形で計画立案プロセスまたはインシデント・オペレーションを支援する場合がある。通常、IAP には、インシデント目標（ICS フォーム 202）、組織配置リスト（ICS フォーム 203）、インシデントの各ディビジョン／グループ用の任務リスト（ICS フォーム 204）、そしてインシデント・エリアの地図が含まれる。より大規模なインシデントでは、追加の支援添付書類、例えば個別のインシデント無線通信計画（ICS フォーム 205）、医療計画（ICS フォーム 206）、会議スケジュール（ICS フォーム 230）、場合によっては交通計画などが必要となる。

以下のセクションでは、厳選した ICS フォームに関する簡単な説明を示している。このリストは網羅的ではない；その他のフォームはオンライン、市販、および様々なフォーマットで入手可能である。

- ICS Form 201–インシデント・ブリーフィング: 通常、最初のインシデント指揮官は、正式な計画立案プロセスを実施する前に、重要なインシデント情報を把握するためにこのフォームを使用する。この4セクションの文書（通常4頁で作成）の使用は、次の新たなインシデント指揮官への簡潔かつ完全な指揮移管を可能にする。さらに、初動対応の資源や組織が状況を解決した場合、このフォームは、インシデントの指揮統制に関する完全な文書としての役割を果たす場合がある。また、このフォームは、指揮スタッフや一般スタッフのメンバーが到着して作業を開始する時に彼らへの状況情報の転送を簡素化して支援する。ただし、同フォームが書式化された IAP の一部として含まれることはない。
- ICS Form 202–インシデント目標: 書式化された IAP の開口部としての役割を果たし、インシデント情報、オペレーション期間の目標リスト、関連気象情報、一般的安全メッセージ、計画の目次が含まれる。このフォームには、インシデント指揮官／統合コマンドが IAP を承認する署名欄が含まれる。
- ICS Form 203–組織配置リスト: 通常、IAP の第2セクションであり、オペレーション期間のインシデント・マネジメントおよび監督スタッフに関して詳述している。
- ICS Form 204–任務リスト: 通常、インシデント IAP は、オペレーション期間におけるオペレーション・セクションの組織構造に基づき、複数の ICS フォーム 204 を含む。各ディビジョン／グループには独自のページがあり、ディビジョン／グループの監督者（配置されている場合にはブランチ・ディレクターを含む）や個別の割り当て資源が、各資源を担当するリーダーの名前や要員の数とともにリスト化される。この文書では、オペレーション期間のディビジョン／グループに割り当てられた具体的活動、あらゆる特別指示、インシデント無線通信計画（ICS フォーム 205）の関連部分について詳しく記載している。

✷ ICS Form 205–インシデント無線通信計画：ディビジョン／グループ・レベルまでの無線周波数割り当てを文書で記録する。
✷ ICS Form 205A–通信リスト：インシデント要員の非無線連絡先情報を文書で記録する。
✷ ICS Form 206–医療計画：対応従事者の医療緊急事態に対処するためのインシデント計画を提出する。
✷ ICS Form 207–インシデント組織図：ICS 組織における主要な部隊［elements］や主要スタッフに関する組織図を描いたもの。
✷ ICS Form 208–安全メッセージ／計画：通常は安全メッセージ、拡大安全メッセージ、安全計画、拠点安全計画を含む。
✷ ICS Form 209–インシデント・ステータス概要：インシデントの調整や支援を行う組織や機関の長官／幹部に状況情報を報告するための主要フォーム。
✷ ICS Form 210–資源ステータス変更：インシデントに配置された資源ステータスの変更を文書で記録する；資源到着・離脱を追跡するためのワークシートとしても使用できる。
✷ ICS Form 211–インシデント・チェックイン・リスト：インシデントにチェックインする資源を文書で記録する。
✷ ICS Form 213–一般メッセージ・フォーム：インシデント要員との間で、またはその他のインシデント・マネジメント層と情報伝達を行うための一般使用フォーム。
✷ ICS Form 214–活動ログ：注目すべき活動ないしイベントを記録するために使用する。
✷ ICS Form 215–オペレーション計画立案ワークシート：次のオペレーション期間に向けて戦術任務を作成し、資源ニーズを特定するために使用する。

✷ ICS Form 215A–IAP 安全分析: 安全管理官が特定した安全および健康問題を伝達する；さらに、安全問題に対処するための軽減措置を特定する。

✷ ICS Form 221–動員解除チェックアウト: インシデント資源の動員解除に関する詳細を文書化する。

✷ ICS Form 230–会議スケジュール：オペレーション期間に予定されている会議やブリーフィングの情報を記録する。

◎ICS Tab 10–インシデント指揮官／統合コマンド、指揮スタッフ、一般スタッフの各ポジションの主要機能

表 A-3 は主な ICS ポジションそれぞれの主要機能をリスト化している。

表A–3 主要なICSポジションの要約表

主要ICSポジション	主要機能
インシデント指揮官／統合コマンド	●明確な権限を持ち、機関政策を理解する ●インシデント・マネジメントに必要とされる ICS 組織を設立する ●インシデントの目標を設定し、インシデントのプライオリティを決定する ● ICP を設置する ●指揮スタッフと一般スタッフを管理する ● IAP を承認する ●インシデントでの安全を確保する ●資源要求やボランティア・補助要員の使用を承認する ●メディア向けの情報リリースを許可する ●随時、動員解除を命じる ●アフター・アクション・レポートの完成を確認する
広報担当官	●プレス／メディア・ブリーフィングで使用、またはソーシャルメディア経由での普及のために、正確かつアクセス可能でタイムリーな情報を作成する ●伝統的およびソーシャルメディアからの情報をモニターしてインシデント計画の立案に役立てるとともに、必要に応じてそれを転送する ●情報リリースに関する制限を把握する ●ニュース・リリースに関するインシデント指揮官の承認を得る ●メディア・ブリーフィングを行う

	●ツアーやその他のインタビュー、またはブリーフィングをアレンジする ●インシデントに関する情報をインシデント要員が利用できるようにする ●計画立案会議に参加する ●風評コントロールの方法を特定し実施する
安全管理官	●有害な状況を特定し軽減する ●危険な行動を中断・防止する ●インシデント安全計画を作成・維持する ●安全メッセージおよびブリーフィングを用意・伝達する ● IAP の安全影響を評価する ●特別ハザードを評価する資格のあるアシスタントを配置する ●インシデント・エリア内での事故の予備調査をはじめる ●医療プランを評価・承認する ●計画立案会議に参加し、将来のオペレーションに関連して予想されるハザードに取り組む
連絡調整官	●機関代表の連絡窓口として行動する ●インシデント・オペレーションをモニターし、現在または潜在的な組織間の問題を特定する ●補佐・協力する機関および機関代表のリストを保持する ●組織間連絡のセットアップや調整を補佐する ●計画立案会議への参加、機関の有する資源の限界や能力を含む現在の資源状況を提供する ●機関に特化した動員解除情報やニーズを提供する
オペレーション・セクション・チーフ	●戦術オペレーションを管理する ●インシデント・オペレーションの戦略および戦術を決定する ●戦術オペレーションの安全を確保する ●インシデント・アクション・プランの立案プロセスにおけるオペレーション・セクションの中心的役割を監督する ●IAPにおけるオペレーション・セクションの割り当ての実施を監督する ●戦術オペレーションを支援するために、追加資源を要請する ●オペレーション配置から資源をリリースすることを承認する ● IAP の便宜的変更の実施または承認 ●インシデント指揮官、配下のオペレーション要員、インシデントに関わるその他の機関との緊密な接触を維持する
計画立案セクション・チーフ	●インシデント関連のオペレーション上のデータを収集、管理する ●インシデントに関する計画立案活動を監督／促進する ● IAP の準備を監督する

	● IAPを準備する際、インシデント指揮官やオペレーション・セクションに資源情報［input］を提供する ●必要に応じてICS組織内で活動停止している要員を再配置する ●インシデント・ステータスの情報を蓄積して表示する ●ユニット（例えば資源ユニット、状況ユニット）に必要とされる情報や報告スケジュールを形成する ●特殊な資源の必要性を決定する ●必要に応じて、特殊なデータ収集システム（例えば、気象）を設置する ●代替戦略に関する情報を集める ●インシデントの見込みに関して定期的観測を提供する ●インシデント・ステータスの重要な変化を報告する ●動員解除計画の準備を監督する
後方支援セクション・チーフ	●インシデントにおける後方支援すべてを管理する ●インシデント要員向けに施設、輸送、通信、補給物資、装備メンテナンス・給油、食事、医療サービスを提供するとともに、すべてのインシデント外部資源を提供する ●既知の、または予想されるインシデント・サービスや支援ニーズを特定する ●必要に応じて追加資源を要請する ● IAPに後方支援セクションの情報［input］を提供する ●必要に応じて、交通・医療・通信計画の作成を担うとともに監督する ●後方支援セクションや関連資源の動員解除を監督する
財務／行政セクション・チーフ	●インシデントに関する財政面を管理する ●要請に応じて、財政およびコスト分析情報を提供する ●インシデントに応じて、補償およびクレーム機能が対処できるようにする ●財務／行政セクションの業務計画を作成し、セクションの補給物資や支援ニーズの要求を提出する ●財政問題で協力や補佐を行う機関との日常的コンタクトを維持する ●要員のタイム・レコードを正確に記録し、該当する機関／組織に伝達されるようにする ●インシデントに端を発するすべての債務文書の正確性を期する ●注意またはフォローアップを要するインシデント関連の財政問題に関して、機関の行政職員に概要説明を行う ● IAPに情報を提供する

註

＊1 都市捜索救助チームのような資源は、独自の安全管理官を置く場合がある；そのような安全管理官は彼ら独自の責任・権限を保持し、必要に応じてコマンド・スタッフの安全管理官と調整を行う。

＊2 ICS のインテリジェンス／調査機能の更なる詳細については、国家インシデント・マネジメント・システム（NIMS）インテリジェンス・調査機能ガイダンス＆現地オペレーション・ガイドに記載している。

＊3 ICS フォームのテンプレートは https://www.fema.gov/incident-command-system-resources で見つけることができる

Appendix B.
EOCの組織

A. 目　的

この附則では、米国における緊急事態オペレーション・センター（EOC）で共通して使用される EOC 組織構造の追加説明と用例を示している。それらが義務的、最終的、または排他的なものになることを意図したものではない。管轄／組織は、これらの構造の内のひとつ、または様々な構造の要素の組み合わせ、あるいは完全に異なる構造を選択して使用することができる。

各組織の説明には、管轄／組織がいつ・なぜそれを使用することを望むのか、という情報や、組織内の様々な部隊［elements］が遂行する代表的な機能に関する説明が含まれる。

個別の組織図では描かれないが、EOC は、一般的に知事・市長・市政代行官・部族指導者のような公選・任命職を含む政策グループの指導を受ける。

B. 本附則の構成

この附則には、以下のタブが含まれる：
- ✺Tab 1-インシデント・コマンド・システム（ICS）または ICS 類似の EOC 構造
- ✺ Tab 2-インシデント支援モデル（ISM）の EOC 構造
- ✺ Tab 3-部門型 EOC 構造

◎EOC Tab 1-インシデント・コマンド・システム（ICS）または ICS類似のEOC構造［ICS-like EOC Structure］

多くの管轄／組織は、EOC において ICS、または ICS 類似の構造を利用することを選ぶ。これは、一般的に、人々が構造に慣れ親しんでおり、現地で使用されているものに合致しているからである。その上、特にオペレーション上のミッションを担う可能性がある EOC にとっては有益な機能分解になっている。ICS や EOC の要員は、インシデント上のニーズを満たすとともに、資源や情報に関する要請に応えるため、同意に基づき組織間の責任を調整することができる。

この種の EOC 組織を使用するとき、同一の機能（例えば広報担当官（PIO））を行う現場および EOC の要員は、取り組みのギャップまたは重複を回避するため、彼らの責務を分担する方法について同意すべきである。理想的なのは、インシデントが起こる前にこの調整が行われ、その結果が管轄／組織の緊急事態オペレーション計画内で文書記録されることになる。

EOC のリーダーは、以下のいずれかの条件ならば、標準的な ICS 組織を選ぶことができる：

✹ EOC スタッフがインシデントに対する戦術指示を行っている；
✹ EOC のマネジメント上、ICS の訓練を受け、追加訓練を必要としない要員を使用することが望ましい；
✹ EOC 管理者が現場要員の組織と同一にすることを望んでいる

標準的な ICS の構造　対　ICS 類似の構造

もし管轄／組織が、現場で実践しているような標準的 ICS を使用している場合、彼らは附則 A で記載した ICS の手続きやプロセスに従うことになるだろう。しかし、多くの EOC のリーダーは、ICS を若干修正することにより、EOC とインシデント指揮所（ICP）との相違を調整すると同時に、標準的な ICS 構造が有する利点の多くを活かせるということに気づいている。

ICS 類似の EOC 構造は、一般的に、標準的な ICS 組織を反映しているが、現地対応従事者の戦術や後方支援管理の役割と比べ、EOC の調整および支援ミッションを強調するためにニュアンスの変化やタイトルを変更する可能性がある。例えば、EOC 指導者は、多くの場合、現場と EOC の機能／要員を区分するため、セクション・タイトルに「支援」または「調整」を追加してタイトルを調整する場合がある（図 B-1 参照）。さらに、一部の EOC 指導者は、EOC 要員の活動や責務をより明確に反映する目的で、特定の ICS のプロセスまたは機能を修正することを選ぶ。

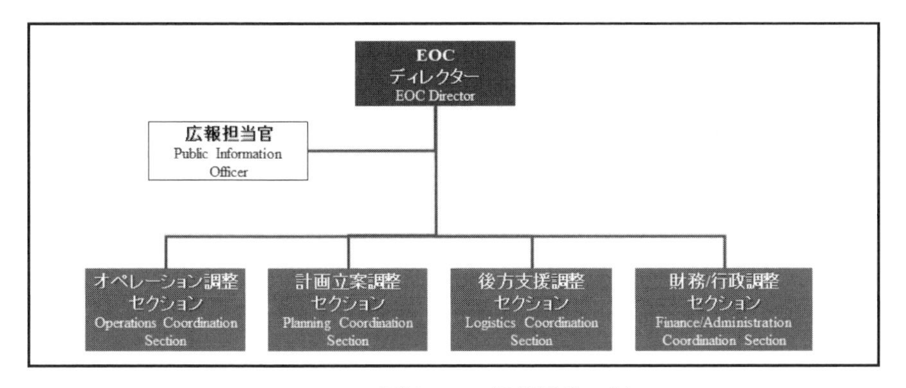

図B-1 ICS類似のEOC組織構造の例

1．EOC指揮スタッフ［EOC Command Staff］

EOC 指揮スタッフ（現場オペレーションの指揮をしないことを明確にするため、EOC 管理スタッフと呼ばれることが多い）には EOC ディレクターが含まれ、EOC のスタッフや活動を指導・監督する。EOC 指揮スタッフには、通常 PIO が含まれ、法律顧問や安全管理官などその他のものを含めることがある。EOC ディレクターは、可能な限り指揮スタッフの支援を受けて EOC の目標やタスクを設定し、利害関係者を統合する。そして、上級職と協力して、インシデント支援に関する政策指示の作成を手助けする。また、一般市民向けにタイムリーかつ正確でアクセス可能な情報の周知をする。

2．オペレーション調整セクション［Operation Coordination Section］

オペレーション調整セクションのスタッフは、現場インシデント要員がインシデント目標の達成や指導者のプライオリティに取り組むために必要となる資源や、オペレーション上の支援を入手できるように助ける。このセクションのスタッフは、多くの場合、機能毎（例えば緊急支援機能（ESF）または復旧支援機能（RSF）毎に）に組織化され、各機能内の現場対応要員の主たる連絡窓口となる。彼らは、緊密にインシデント要員と調整を行い、未達の資源ニーズを特定して対処する。地理的に拡大する、または複合的なインシデントに対して必要なとき、あるいは地方 ICP の設置が不可能なときには、セクション内のスタッフが EOC から直接オペレーション上の活動を支援することができる。

3．計画立案調整セクション［Planning Coordination Section］

計画立案調整セクションには、主な機能が2つある：状況認識の取り組みを管理すること、そしてアクティベーション関連の計画を作成すること、である。このセクションのスタッフは、ICSの計画立案セクションの要員と密接に連携し、インシデントやその関連情報を収集・分析・周知する。それには地理・技術情報の統合や、指導層・EOC 要員・その他内外の利害関係者など様々な関係者向けの報告書、ブリーフィング、プレゼンテーション・プロダクトの作成が含まれる。また、計画立案調整セクションの要員は、EOCの目標を達成するために標準的な計画立案プロセスを促す。そして、現在および将来の計画立案に関するサービスを幅広く提供することにより、目下のニーズに取り組みつつ、将来のニーズに対処するための手段を予想・考案する。

4．後方支援調整セクション［Logistics Coordination Section］

後方支援調整セクションのスタッフは、インシデント向けに高度な資源支援を提供する。彼らは、オペレーション調整セクションのスタッフと緊密に作業して、契約または相互扶助協定を実施することにより、あるいはその他の政府支援（例えば、地方または部族から州に対して、州または部族から連邦に対して）を要求することにより、資源を調達・入手する。また、このセクション内のスタッフは、EOC スタッフを支援するために資源やサービスを提供する。これには、情報技術（IT）支援、資源追跡・取得、

ICS類似のEOCにおける資源管理

EOCの指導者は、多くの場合、ICSの資源管理プロセスをEOCの環境に上手く合致するように調整している。運用調整セクションに代表を置く様々な部門や機関は、部門内部の資源にアクセスすることが可能であり、ロジスティクス調整セクションを通すことなく発注することができる。ロジスティクス調整セクションは、高度な資源発注、例えば（1）相互扶助を通じて、(2）リースないし購入によって、（3）政府組織からの援助の要請を通じて（例えば、州または連邦支援）、といったことに関して専門性を有する場合がある。インシデント資源の追跡のためには、計画立案調整セクションの要員よりも、オペレーション調整セクションの要員を配置した方が望ましいこともある。各 EOC のスタッフは、EOCで現場要員とともに、資源発注機能を調整・追跡する方法についてプロトコルを形成する。

食料・宿泊・その他必要に応じた支援サービスの手配が含まれる。

5. 財務／行政調整セクション

［Finance/Administration Coordination Section］

財務／行政調整セクションのスタッフは、アクティベーションに関する財務／行政、コスト分析面を管理する。財務／行政調整セクションのスタッフは、複数源の予算の監督を含め、アクティベーションに関連するすべての歳出を追跡する。コストの発生毎に報告することは、EOC 指導者がニーズを正確に見積もり、必要ならば追加予算を要求できるようにする。財務／行政調整セクションのスタッフは、その他の EOC セクションに行政上の支援を提供することができる。場合によっては、EOC の財務／行政調整セクションのスタッフが、ICS のカウンターパートに関する責務を引き受け、彼らに代わって機能を遂行する。

◎EOC Tab 2-インシデント支援モデル（ISM）のEOC構造

ISM は、ICS 構造の派生型である、ICS の計画立案セクションから情報管理／状況認識機能を切り離し、ICS のオペレーション・セクションや後方支援セクションの機能と、ICS の行政／財務セクションの経理担当管理者／購入機能を統合したものである。通常、ISM 構造を使用する管轄／組織内の EOC スタッフは、オペレーションまたは実際の対応／復旧事業の管理よりも支援機能に特化している。

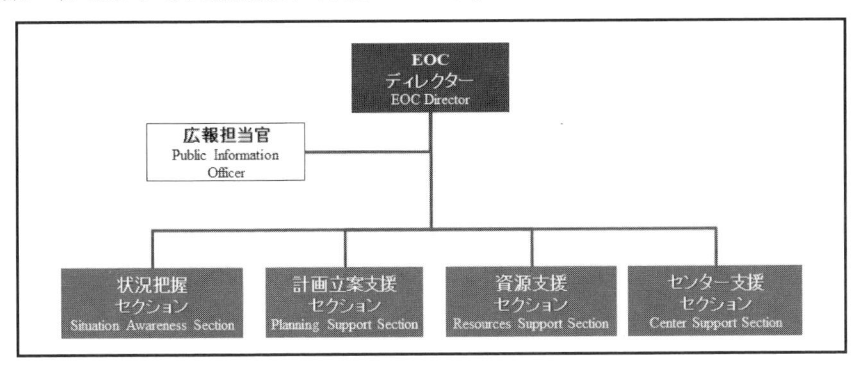

図B-2 インシデント支援モデルのEOCの組織構造

ICS／ICS類似モデルと同様、ISM EOCディレクターは、主要機能に指名された要員、主題専門家、技術スペシャリストの支援を受ける。EOCディレクターを支援するスタッフには、通常、PIOが含まれ、法律顧問のようなその他のものを含めることもできる。一般スタッフ・セクションは、状況認識、計画立案支援、資源支援、センター支援で構成される。図B-2は、ISM EOC用のトップレベルの管理構造を示している。

1．ISM EOCディレクターのスタッフ

ICS／ICS類似モデルの指揮スタッフと同様、ISM EOCディレクターのスタッフには、通常、PIOが含まれ、法律顧問や安全管理官などその他のものを含めることもできる。EOCディレクターとそのスタッフは、EOCのタスクを設定し、上級職と協力してインシデント支援に関する政策方針の作成を助ける。そして、一般市民向けに、タイムリーかつ正確でアクセス可能な情報を確実に周知する。

2．状況認識セクション［Situational Awareness Section］

状況認識スタッフは、インシデント情報の収集・分析・周知を行う。通常、このセクションの要員は、EOCの政策レベルの指導者、広報、その他内外の利害関係者向けに、様々なプロダクトを作成・提供する。状況認識セクションは、基本的にICSの計画立案セクションの状況ユニットの機能を、EOCの一般スタッフ・ポジションに格上げしたものであり、EOCディレクターに直接報告する。また、このセクションのスタッフは、情報に関する要請の処理；報告書、ブリーフィング、プレゼンテーション・プロダクトの作成；地理および技術情報の統合；公共警報メッセージの根拠となる資料を作成する。状況認識セクションのスタッフには、ESF＃15－広報［External Affairs］の代表または連絡官を含めることができる。

3．計画立案支援セクション［Planning Support Section］

計画立案支援セクションのスタッフは、現在および将来の計画立案に関するサービスを幅広く提供する。それには、偶発事態、動員解除、復旧に関する計画の作成を含めることができる。計画立案支援セクションのスタッフは、インシデントに係わる複数管轄や組織の共通目標の作成・履行を支援し、標準的な計画立案プロセスを調整する。それにより、EOC指導

者の目標を達成するとともに、センターに代表を置くすべての組織間の取り組みの統一［unity of effort］を強化する。計画立案支援セクションのスタッフは、ICS の計画立案セクションと緊密に調整を行い、現地およびEOC 要員が適切な緊急対応計画を整備できるようにする。

4．資源支援セクション［Resources Support Section］

資源支援セクションのスタッフは、現地インシデント・マネジメント要員が必要とする資源やオペレーション上の支援を手に入れられるように活動する。資源支援セクションのスタッフは、すべての資源を調達、要請／発注、追跡する。これには、購入ないしリースした品目だけでなく、EOC に代表を置く部門や機関、その他のコミュニティ組織、または相互扶助／緊急事態管理援助協約（EMAC）に基づく、あるいは非政府パートナーから獲得した補給物資、装備、要員が含まれる。資源支援セクションのスタッフは、部門／機関別、または ESF ／ RSF 別に組織化することができる。

ISM EOC における資源管理

EOC に代表を送る部門および機関は、通常、部門または機関の責務に固有の様々な資源にアクセスできる。典型的な ICS のロジスティクス・セクションは、相互扶助、購入／契約／リースを通じた資源発注に関して、または援助要請を通じた外部の政府組織からの資源発注に関して専門性を有している。購入／契約／リースの予算、あるいは費用補償の予算については、通常、ICS の行政／財務セクションで処理される。ISM　EOC は、資源支援セクション内の当該機能すべてを統合し、資源やサービスの獲得・配備・追跡に関するワンストップ・ショップを提供する。

5．センター支援セクション［Center Support Section］

EOC は、最大限効果的に機能するために、食事のようなスタッフ支援だけでなく、様々な通信・IT・行政管理・一般サービスが必要となる。センター支援セクションのスタッフは、EOC 内の施設やスタッフのニーズ、そして統合情報センター（JIC）のような関連施設のニーズを支援する。この役割において、センター支援セクションのスタッフは、供給品、装備、行政プロセス、セキュリティ、メンテナンス、その他の後方支援のために必要なものを伝達・収集する。それにより、EOC のスタッフがそれぞれの役割を遂行するために必要な資源や能力を備えられるようにする。

◎EOC Tab 3-部門型EOC構造［Departmental EOC Structure］

管轄／組織は、彼らが有する様々な部門や機関との日常的な関係を保持することを選び、インシデントの対応・復旧で協働することもできる。これらの組織／管轄は、EOC に集まる要員を、参加者の部門／機関／組織毎に設定することができる。通常、そのような部門別に構造化されたEOC は、多くの訓練を必要とせず、すべての部門・機関の調整や対等な地位を重視することになる。このモデルでは、管轄／組織の緊急事態マネージャーであろうと、その他の上級職であろうと、一個人が管轄の支援機関、非政府組織（NGO)、その他のパートナーと直接調整を行う。このモデルは、部門の代わりに、ESF を使用して組織することもできる。図B-3 は、部門型 EOC 構造の例を示している。

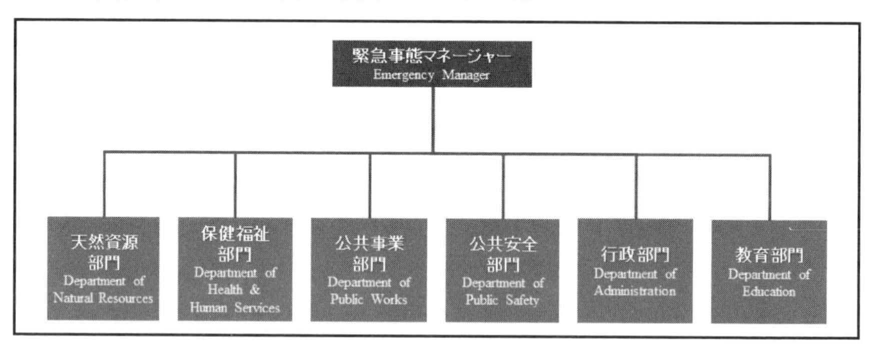

図B-3 部門型EOC構造の例

この例において、緊急事態マネージャーは、EOC ディレクターとして、EOC の計画立案や報告を直接促す。また、EOC ディレクターは、EOC におけるオフィス装備／電話／無線／コンピューターを担当するとともに、スタッフの食事確保についても担当する場合がある。

部門に関しては、各代表がそれぞれの組織・機能に関連する様々な資源、専門性、関係性をもたらす。統合コマンドと同様、相互承認した目標を達成するために、グループ内で決定を行う。

部門型 EOC の役割および責任は、代表を出す部門や機関の日常的な責務を反映したものになる。例えば：

- ✺ 天然資源を扱う部門出身の EOC の代表は、通常の権限に従い、歴史的保存、大気質・水質、公園・レクリエーション、狩猟動物・野生生物、林野火災鎮圧を担当することがある。
- ✺ EOC における公衆衛生、医療、福祉問題を扱う機関出身の代表者は、高齢者サービス；コミュニティの病院・クリニック・医療サービス；避難およびマス・ケア〔被災者支援、mass care〕；疾病調査；薬剤サービスおよび大規模調剤拠点；人道支援組織との連絡調整に関わる資源を担当し、それらを提供することになる。
- ✺ 公共事業の代表者は、EOC において、道路・地盤、下水および公衆衛生、浄水、燃料、公共施設、交通、固形廃棄物に伴う問題および資源を担当する可能性がある。
- ✺ 警察／保安官／消防／緊急医療サービスの組織すべてが、EOC 内でそれぞれの機能や資源を調整する代表者を置く。
- ✺ 管轄／組織の行政部門または機関出身の EOC 代表は、広報、財政、訓練、民間セクター・部族との連絡、社会／文化センターについて調整を行う。
- ✺ EOC に配置された公立学校の担当者は、デイケア・サービス、学校施設（例えば、緊急シェルターとして使用されるとき）、通学輸送を担当する。

これらの責任は、管轄の日常的な部門組織および責務に応じて変化する。これにより管轄／組織が彼らの通常の権限、責任および関係を維持したままインシデントに効果的に取り組むことが可能になる。

解説編

伊藤　潤

【解説】

Ⅰ．米国の「緊急事態管理」制度：

All-hazards Approach に基づく国内危機管理・災害対策

1．「緊急事態管理」とは

米国では、国内で災害が発生した場合、政府機関など公的機関による対応・復旧、またその予防・軽減措置や事前準備に関する取り組みを「緊急事態管理（Emergency Management: EM）」と総称している。連邦法では、“Emergency Management”を「自然災害、テロ行為、その他の人為的災害の差し迫った脅威またはその発生に対する準備・防護・対応・復旧・軽減に関する能力（capabilities）を構築、維持、改善するために必要なすべての活動を調整・統合する政府機能」（合衆国法典第6編701条(7)）と定義している（図1参照）＊1。日本では、米国の“Emergency Management”に相当する取り組みのことを「災害対策」あるいは「危機管理」と呼ぶのが通常である。辞書で「緊急事態（emergency）」という用語の意味を調べると「緊急の対策を講じなければならない事態」（広辞苑第6版）といった定義がなされており＊2、その対象は突発的に起こる事象への対処というニュアンスが含まれている（Longman 社の Dictionary of Contemporary English では「即時に対処を必要とする不測の危険な状況［an unexpected and dangerous situation that must be dealt with immediately］」と定義＊3）。しかも、「危機管理」の訳語としては「クライシス・マネジメント（Crisis Management）」をあてることが一般的であり、ビジネスの世界では「リスクマネジメント（Risk management）」（事業継続の観点からリスクの顕在化の防止および回避に焦点）とともにカタカナ表記も広まっている。

なぜ米国では日本の危機や災害に対する事前・事後の取り組み（つまり準備・対応・復旧・軽減・予防）を「緊急事態管理（EM）」と総称するのか。そもそも、なぜ“Crisis や“Disaster（災害）”ではなく、“Emergency”なのか。この背景には、米国の国内危機管理・災害対策制度の発展プロセスと密接な関係がある。

1)「緊急事態管理(EM)」の由来

連邦制国家である米国において、国内で発生するインシデント(incident:「事態」、「事案」、「事件」などを指す)や災害に関する公的な対策は、その規模や切迫度を問わず、原則として州政府の管轄であり、地方政府が主体となる(詳細は本章第2項)。そのこともあり、国家レベルの危機管理・災害対策制度が本格的に整備されるようになったのは20世紀に入ってからのことである。しかも、米国の制度整備は、戦時の市民保護を想定した「民間防衛(Civil Defense: CD)」が土台となっており、自然災害対策をベースに発展した日本とは大きく異なる*4。第一次・第二次世界大戦の経験、そして戦後に米ソ関係が悪化していく中、連邦政府は「国家安全保障(National Security)」の一環として戦時を想定した恒常的な危機管理・市民保護体制の確立を目指した。朝鮮戦争勃発後の1951年には民間防衛法(Civil Defense Act of 1950)が制定され、全米各地で民間防衛の普及・促進を図るようになった。その際、地方レベルの協力を得るため、連邦政府は、民間防衛の取り組みを軍事攻撃だけでなく、ハリケーン、洪水、地震などの自然災害対策の強化と結びつける形で推進した。その結果、米国において、民間防衛は安全保障制度の仕組みであると同時に、国内危機管理・災害対策の基盤となったのである。ゆえに、民間防衛は現代米国の危

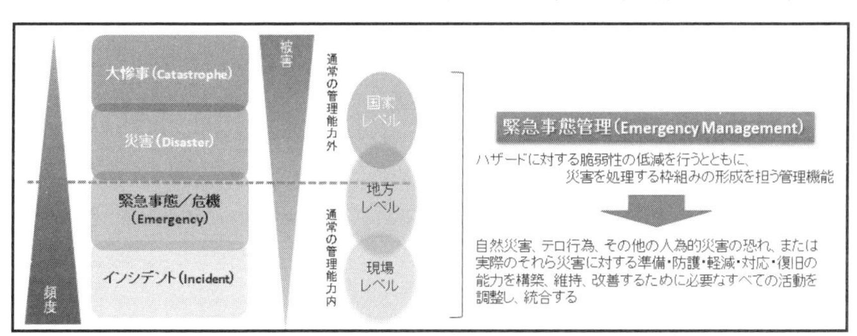

図1 危機の種類と緊急事態管理の対象

出典: Lucien G. Canton (2019) *Emergency Management: Concepts and Stratggies for Effective Programs,* 2nd ed., Hoboken. NJ: John Wiley & Sons, Inc.,p. 64の図; 林春男、牧紀男、田村圭子、井ノ口宗成(2008)『組織の危機管理入門:リスクにどう立ち向えばいいのか』、丸善、2頁の図をもとに筆者が作成。

機管理の起源といわれている＊5。

しかし、民間防衛は制度導入当初から有効性が問題視されていた。1962年のキューバ危機でその意義が再認識されたものの、核兵器技術の進展、そして1970年代に入る頃にはデタント（緊張緩和）による国際情勢の変化もあり、民間防衛のニーズは徐々に低下していった。しかも、州・地方政府では彼らが日常的に直面する自然災害、大規模停電といった人為的・技術的な重大事故、あるいは都市部で発生する暴動やテロの脅威といった治安問題に関する対策強化が優先的課題となっており、それらに対する連邦政府の支援の拡大を求める声が強まっていた。そこで、全米知事協会（National Governors Association: NGA）や連邦政府内部において、限られた資源の中で既存の民間防衛と自然災害対策を効率的かつ効果的に両立するための制度作りが議論されるようになった。その際、民間防衛と自然災害対策などを統合した新たな国内危機管理の仕組みとして提示されたのが「緊急事態管理」だったのである。当時、"Disaster" という用語を使用することも検討されていたが、その言葉が自然現象由来の事態のみを連想させるということから使用されなくなり、自然・人為を問わず市民の生命と財産を危険にさらす事態を指す "Emergency" が採用されることになった＊6。これは1979年に創設された FEMA（連邦緊急事態管理庁）の命名にも関係している＊7。

その後、米国では「緊急事態管理（EM）」が民間防衛に取って代わり国内危機管理・災害対策を表す用語となった。なお、冷戦後の1994年に民間防衛法が廃止されると、民間防衛が単独の制度としての役割を終え、緊急事態管理に完全に吸収される形となった＊8。以降も、一部の州や地方組織で民間防衛の名称やロゴ（青地の円の中に白色の三角があり、その中央に赤字で CD と記載した米国独自のロゴ）を使用していたものの、2006年には全米の危機管理関係者が所属する全米緊急事態管理協会（National Emergency

図2 民間防衛（CD）と緊急事態管理（EM）のロゴ
出典: "Civil Defense Logo Dies at 67, and Some Mourn Its Passing," *The New York Times*, Dec. 1, 2006 より

Management Association: NEMA）が民間防衛の記章の正式な廃止を発表しており（図2参照）*9、現在ではほとんど使用されなくなっている［※全米50州の危機管理組織で最後まで民間防衛の名称を使用していたのはハワイ州であったが、2014年の法改正で現在の“Emergency Management”を用いた名称に変更している*10］。このような歴史的経緯もあり、米国では「緊急事態管理（EM）」という表現が国内危機管理・災害対策の総称として定着したのである。

２）All-hazards Approach

米国の EM を理解する上で重要なコンセプトの一つに“All-hazards Approach”がある（日本では「オールハザード・アプローチ」と表記されるのが一般的）。All-hazards Approach は、法的には、自然災害、テロ行為、その他人為的災害に対する準備・防護・対応・復旧・軽減に必要な「共通の能力（common capabilities）」を構築することと定められている*11。このアプローチの起源は、1970年代後半に州・地方政府が行政効率性の観点から民間防衛用の資源やプログラムを自然災害対策と共用する「デュアル・ユース（Dual Use）」というコンセプトを導入したことにある。その発展系にあたるのが All-hazards Approach であり、90年代以降に緊急事態管理の基本コンセプトとして広く定着するようになった*12。

危機管理上、インシデントや災害を引き起こすハザードは多岐にわたる。All-hazards というコンセプトは「人命、財産、環境、公衆衛生ないし安全を守り、政府・社会または経済活動の混乱を最小化するための行動を必要とする自然ないし人為的な脅威・インシデント」のことであり、定義上の一例として自然災害、サイバー・インシデント、産業事故、パンデミック、テロ行為、破壊工作、重要インフラをターゲットにした破壊的犯罪活動に加え、気候変動の影響もあげられている*13。しかし、現実問題として、行政・民間を問わず危機管理に割ける資源には限界があり、すべてのハザードに対して同水準の個別制度・対策を設けることは不可能である。そこで、All-hazards Approach において着目するのが、各種のハザード対策（準備・対応・復旧・軽減）にみられる共通性や類似性である。一例を挙げれば、シェルター施設や備蓄資源の多くはその他のハザード対策でも利用することができるし、致死性の高い感染症発生時の対応には生物・化学テロ対策を応用することも可能である。さらに、緊急時に初動対応にあたる組織の多くが類似した組織構造や手続きを採用している。All-hazards Approachでは、これらの共通性・類似性を活かして各種ハザード対策に適用できる包括的かつ一元的な基本システムを形成することにより、危機管理行政／業務の効率性・経済性を確保することが可能になると考えているのである。そのため、事前のリスク／脅威分析を通じて、各組織が備えるべきハザードを特定し、その対策を検討する専門的作業が重要となる。

しかも、通常、All-hazards Approachといえば、各種災害対策に共通して必要な基本能力の形成に注目が集まるが、定義上は「国家に最大のリスクをもたらす特定タイプのインシデントの危険性」に対する準備、防護、対応、復旧、軽減に必要な「特有の能力（unique capabilities）も構築する」として、個別ハザード対策の整備を同時に求めている*14。実際、全米各地で地理・気象上の特性や、直面しているリスク・脅威の種類も異なることから、それらの事情を鑑みた個別対策も当然必要となる。そこで、米国の危機管理に関する計画書等では、管轄内で想定される各種ハザードの特殊性を考慮し、その個別対策に必要な情報・機能・技術を附則書（AppendixまたはAnnex）という形で詳細にまとめている。

以上のようなコンセプトに基づき、米国では連邦・州・地方政府、さらに民間組織など全米の危機管理・災害対策を担う当局が依拠する包括的なEMシステムを形成しているのである。

2. 緊急事態管理（EM）に関する法制度：スタフォード法と国土安全保障法

米国のEMは、連邦制という政治制度を色濃く反映したものになっており、国内での危機管理や災害対策に関する責務・権限は地方－州－連邦間で明確に区分されている。これは、合衆国憲法の規定によるところが大きい。合衆国憲法修正第10条は州に対する権限を留保、すなわち「この憲法が合衆国に委任していない権限または州に対して禁止していない権限は、各々の州または国民に留保される」と定めており*15、この規定に基づいて米国内での危機管理・災害対策は州政府の管轄となっている。その上で、

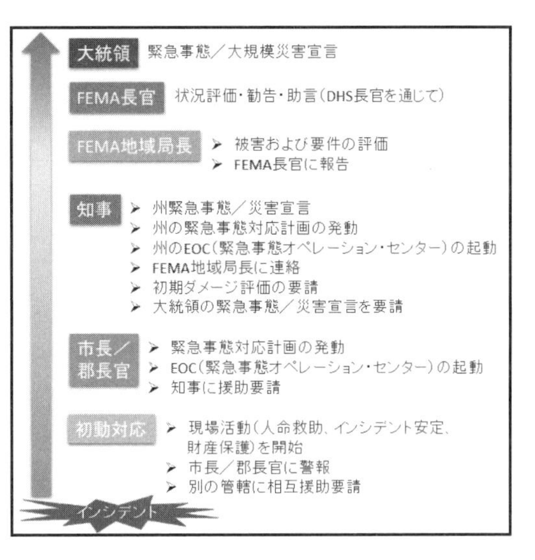

図3 インシデント発生後における各政府の対応と援助要請の流れ

出典: National Research Council [NRC] etc.(2007) *Successful Response Starts with a Map: Improving Geospatial Support for Disaster Management*, Washington , D. C.：The National Academies Press, p. 62 の図を筆者が作成。

実際にインシデント・災害時に対応にあたるのは、発生エリアを所管している地方政府であり、主たる責務と役割は地方政府が担うという構図になっている。そのため、危機管理体制における政府間関係は明確に階層化されており、政府間の連絡調整は下位レベルからの援助要請と調整に依拠する「ボトムアップ（Bottom-up）」型になっているのが特徴である（図3および資料編図10を参照）＊16。つまり、発生したインシデントが地方当局の保有する資源を上回り、対処が困難な状況になった場合（またはその可能性が極めて高いと予想される場合）、州政府は地方政府の取り組みを援助することになる。なお、州・地方の各レベルの政府間では相互扶助協定が結ばれており、緊急時には事前に定めた協定に基づいて水平的な支援が行われる。その上で、州政府でも対処が困難、または連邦の即時援助を必要とする場合には、州知事が大統領に対して援助要請を行い、それが受理されれば連邦政府からの援助を得られる構造になっている（ただし、連邦が直接管轄する区域や施設が対象の場合は、連邦政府自らが直接対応に当たることになる）＊17。なお、連邦政府による州およびそれを経由した地方政府への援助は「補完」が前提であり、州・地方政府の責務や役割を代行するものではない。

このように、米国の制度は、危機管理・災害対策に携わる政府・組織の分権的性質が強く、それを前提とした垂直的・水平的な支援・受援関係によって成り立っている。そのため、いかに地方－州－連邦の政府間（※部族および準州も含む）、さらには NGO や民間セクターと効率的かつ効果的な調整・連携を実現できる仕組みが作れるか、という点が最大の課題である。この課題を克服するため、米国では、先述の包括的かつ一元的な「緊急事態管理」体制の構築を目指してきた。そして、その実現に向けて、国家レベルおよび連邦政府内の緊急事態管理に関する総合的な政策形成やそれに基づく制度運営を担っているのが、連邦緊急事態管理庁（Federal Emergency Management Agency: FEMA）である。現在、FEMA は国土安全保障省（Department of Homeland Security: DHS）の傘下組織となっている。国内危機管理や災害対策に関する権限は連邦政府の各省庁が独自の法的権限を保有している場合もあるが、それを前提とした上で、FEMA は緊急事態管理全般に関する平時および緊急時の連邦政府内および連邦－州政府間の総合調整を担っている＊18。

この DHS/FEMA の活動を含め、連邦政府の緊急事態管理に関する主な責務と権限を規定しているのが、ロバート・T・スタフォード災害救助・緊急事態援助法（Robert T. Stafford Disaster Relief and Emergency Assistance Act）［通称は Stafford Act、以下の本文中ではスタフォード法と略記］と、2002年に制定された国土安全保障法（Homeland Security Act of 2002: HSA）である。米国では連邦議会の制定法を「合衆国法典（U.S. Code）」にまとめており、スタフォード法の規定は合衆国法典第42編「公衆衛生・福祉（Public Health and Welfare）」内にある第68章「災害救助（Disaster Relief）」を構成する一方、国土安全保障法の規定は第6編「国内安全保障（Domestic Security）」内にある第2章「国家緊急事態管理（National Emergency Management）」を構成する形になっている。国内危機管理・災害対策に関する根拠法は上記2つ以外にも存在しているが、ここでは米国の「緊急事態管理」制度の基礎を形成しているスタフォード法と国土安全保障法に焦点を当てて解説していく。

1）ロバート・T・スタフォード災害救助・緊急事態援助法

スタフォード法は、米国内で発生する大規模災害および緊急事態における連邦政府の責務と権限を中心に規定したものであり、全7編で構成されている［「所見、宣言、定義」（第1編）、「災害準備・軽減の援助」（第2編）、「大規模災害および緊急事態援助の運営」（第3編）、「大規模災害援助プログラム」（第4

編）、「緊急事態援助プログラム」（第5編）、「緊急事態準備」（第6編）、雑則（第7編）］*19。同法の主たる目的は、連邦政府が州・地方政府による緊急事態管理や災害対策の取り組みを援助するための仕組みを整備することにある。具体的には、

①既存の災害救助のプログラムの範囲を改訂・拡大
②包括的な災害準備および援助に関する計画、プログラム、能力、組織を州・地方政府が作成することを奨励
③災害準備および救助プログラムの調整と責務を拡大
④個人および州・地方政府が保険補償を得て援助を補完･代替することで自ら防護できるように奨励
⑤災害による損失を減らすハザード軽減措置を奨励（土地および建設に関する規制の作成を含む）
⑥災害における公共・民間双方の損失に対して連邦の援助プログラムを提供する

としている*20。

スタフォード法の源流は、1950年災害救助法（Disaster Relief Act of 1950）にまで遡る*21。災害救助法制定以前、連邦政府による州政府等への援助は原則として発災後に時限立法を制定する形で対応していたが、災害救助法の制定により恒久的な仕組みが導入される形になった。その後、大規模災害による被害を踏まえ66年、69年、70年、74年に大規模な法改正が行われ、連邦の役割の拡大に合わせる形で制度化が進んだ。1988年には、1974年災害救助法（Disaster Relief Act of 1974）の改正が行われ、その際に現在の名称である「ロバート・T・スタフォード災害救助・緊急事態援助法」を使用することが定められた。さらに、1994年の民間防衛法の廃止に伴い、その規定の一部がスタフォード法に組み込まれる形になった（第6編「国家準備（National Preparedness）」を新設）。近年では、2012年のハリケーン・サンディー（Sandy）や2017年のハリケーン・ハーヴィー（Harvey）等の被害を受けて、事前の予防･軽減措置や復旧に関する連邦の役割・権限を強化する必要性が意識され、それに応じた法改正が実施されている（Ex. 2013年サンディー復旧改良法［Sandy Recovery Improvement Act of 2013］や災害復旧改革法［Disaster Recovery Reform Act of 2018］など）。

スタフォード法の規定で特に重視されているのが、事態発生時の連邦政

府による州・地方政府向けの援助とその実施手続きを定めた部分である。連邦政府の援助は、原則として、州知事からの要請を踏まえ、最終的に大統領が実施の可否を判断することになっている。その際、大統領は「大規模災害（Major Disaster）」と「緊急事態（Emergency）」の2種類の宣言を発出することができる。

「大規模災害」とは、「合衆国内における異常な自然災害（ハリケーン、竜巻、暴風雨、高潮、波浪、高波、津波、地震、火山噴火、地すべり、土石流、吹雪もしくは干ばつを含む）または原因に関係なく発生する火事、洪水もしくは爆発」で、「大統領の判断において、それらによって引き起こされる被害、損失、苦難または困難を緩和しようとする際、この法の下で州・地方政府および災害救助組織の取り組みや利用可能な資源を補うために大規模な災害援助を行うことを正当化しうる深刻さと規模の被害をもたらすもの」と定めている＊22。

これに対し、「緊急事態」とは、「大統領の判断により、生命を救い、財産ならびに公衆衛生および安全を守り、または合衆国内における大災害の脅威を低減もしくは回避するため、州および地方の取り組みや能力を補うために連邦の援助を必要とするあらゆる難局ないし事案」と定めている＊23。緊急事態の定義では、1988年の法改正以降、ハザードの種類を特定していないため、大統領判断で幅広い事態に適用することが可能となっている。

大統領が「大規模災害」や「緊急事態」の宣言を発出するプロセスは図4に示す通りである。連邦による支援は、地方、そして州政府の資源や能力では対処しきれない場合、それを補完するために必要な範囲で援助を提供するというものである。個別に法規定がある場合、あるいは連邦政府の直轄である場合を除き、援助を実施するためには大統領による宣言の発出が必要となる。従って、被害を受けている州が連邦から援助を受けるためには、州知事から大統領に対して宣言の発出を要請しなければならない。インシデント発生からスタフォード法による連邦の支援が開始されるまでの具体的なプロセスは以下の通りである。

①インシデント発生時、まずは地方政府がインシデント対応にあたり、必要に応じて州（または部族）政府が緊急事態宣を発出し、州の緊急事態計画の規定に沿って対応支援を行う。

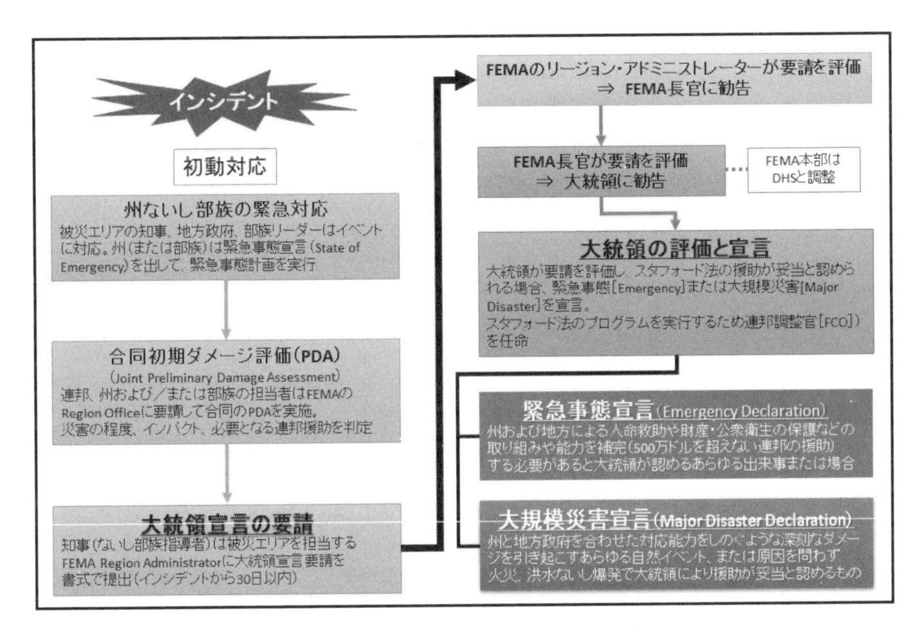

図4 スタフォード法に基づく宣言発出のプロセス

出典：FEMA(2021) *How a Disaster Gets Declared* [https://www.fema.gov/disaster/how-declared]; GAO (2018) *Federal Disaster Assistance*, GAO-18-366, p. 7をもとに筆者が作成

②その間に、州政府の担当者が連邦による支援を必要と判断した場合、FEMAのリージョン・オフィス（Region Office）に対して合同初期ダメージ評価（Joint Preliminary Damage Assessment）を要請し、連邦政府による支援の必要性や内容について判断を行う。

③初期ダメージ評価を通じて連邦政府によるスタフォード法に基づく支援が妥当と判断された場合、州知事はFEMAのリージョン・アドミニストレーター（Region Administrator）を通じて大統領宣言の発出要請を書式で提出する（※インシデント発生後30日以内に行う必要性）。

④ FEMA長官は、提出された要請書を確認・評価し、大統領に対して宣言の発出を勧告する（※その間にDHS長官とも調整を実施）。

⑤大統領は、FEMA長官からの勧告を受けて、要請された「緊急事態」または「大規模災害」の宣言が妥当か否か最終判断を行い、宣言を発

出する。その際、連邦の支援プログラムを統括する連邦調整官（Federal Coordinating Officer: FCO）を任命する＊24。

なお、大規模災害宣言と緊急事態宣言では、提供される援助の内容が異なる。「大規模災害」の場合は、公共向け援助（Public Assistance: PA）、個人向け援助（Individual Assistance: IA）、ハザード軽減援助（Hazard Mitigation Assistance: HMA）の3種類の援助を提供することが可能になる。州政府が援助対象になるPAに関しては、がれき除去（カテゴリーA）と緊急保護措置（カテゴリーB）で構成されている緊急業務（Emergency Work）と、道路・橋梁、治水施設、建物・設備、公共施設（電気・ガス・水道）、公園などを対象とした恒久的業務（Permanent Work）に分類されている。IAは、連邦が直接被災市民を支援する援助であり、個人・世帯プログラム（Individuals and Households Program Assistance: IHP）、危機カウンセリング（Crisis Counseling）、災害時失業援助（Disaster Unemployment Assistance）、災害時法律サービス（Disaster Legal Services）、災害時ケース・マネジメント（Disaster Case Management）などで構成されている。HMAの内容は、ハザード軽減補助プログラム（HMGP）を通じてインシデント後の被害軽減措置を促すというものである。このように「大規模災害」宣言には公的・個人ともに幅広い援助が可能であるのに対し、「緊急事態」宣言で利用可能なのはPAの緊急業務とIAのIHPに限定され、HMAは使用することができない＊25。

また、二つの宣言の相違点として、緊急事態宣言に関しては、知事からの要請がなくても、大統領が必要と判断した場合に発出することが可能である。「緊急事態」は、大規模災害と異なり、ハザードを特定するような記述がない。そのため、自然災害に限らず、COVID-19や新型インフルエンザのような感染症の蔓延はもちろん、国内騒乱、テロ、武力攻撃といった治安・安全保障関連の事態も宣言の対象となる。過去に大統領が知事の要請なく「緊急事態」を宣言したケースには、オクラホマシティ連邦政府ビル爆破事件（1995年）やスペースシャトル・コロンビア号事故（2003年）、そして2020年からのCOVID-19対応がある。しかも、COVID-19対応に関しては、全米の州、ワシントンD.C.、準州に対してスタフォード法に基づく緊急事態宣言を発出した史上初のケースである（その後、各州知事の要請に応じる形で全米の各州に「大規模災害」宣言が発出したことも史上初の出来事）＊26。

このように、連邦による州・地方政府への援助はスタフォード法の規定に基づく手続きにより実施されることになるが、その円滑な実施のためには事前の計画や準備が必要となってくる。また、連邦による援助規模を軽減、または回避するために、災害の予防･軽減の取り組みも重要となる。そのため､スタフォード法は､大統領に対して､連邦のすべての機関の資源を最大限動員できるようにする災害準備プログラムの形成を求めている。具体的には、①災害準備計画（軽減、警報、緊急事態オペレーション、回復、復旧）の用意、②訓練および演習、③災害後の評価･査定、④年間でのプログラム評価、連邦・州・地方の準備プログラムの調整などの実施を定めている＊27。それに加えて、州政府が災害に対する準備・予防・軽減・対応・復旧に関する包括的な計画や実践可能なプログラムを作成すること、さらに州・地方での警報やハザード軽減に関する取り組みに対して技術的援助や補助金を提供することが定められている＊28。

しかも､スタフォード法が対象とする災害は、先述の通り、自然要因によるものに限らず、テロなど悪意に基づく人為的要因によるものも含まれる。そのため、同法は、連邦・州・地方政府が All-hazards に基づく包括的な｢緊急事態準備｣システムを共同で整備することを求めている（その中には重要インフラ防護も含まれる）。

同法が規定する「緊急事態準備」とは、「民間人に対するハザードの影響に備えるまたは最少化し、ハザードによる差し迫った緊急的状況に対応し、かつハザードにより破壊もしくは被害を受けた重要施設・設備の緊急修理あるいは復旧を目的とする、または着手されているすべての活動および手段」のことである。その実現に必要な指針の提供や活動の調整は、連邦政府が主導的な役割を果たすことになっている。連邦政府で「緊急事態準備」の運営を担当するのは FEMA 長官と定められており＊29､米国の緊急事態準備に係わる連邦の対応計画やプログラムを作成するとともに、州が策定する同種の計画やプログラムを調整するための措置をとることができる＊30。また、長官は全米を対象にテロ、災害、緊急事態に備えた協約作成の援助プログラムを作成することになっており、それを通じて州間の相互扶助協約を促進するとともに、緊急事態対応計画やプログラムとの一貫性を確保することが期待されている。それ以外にも、緊急事態準備に関連して、通信・警報に必要な措置を講じたり、訓練に関する援助、一般向けの情報提供、州・地方政府が行う施設整備への補助などを行うことができる。

この緊急事態準備に関する規定は、第6編にまとめられているが、これは先述の民間防衛法の規定を組み込む形で作られたものである。そのため、米国における緊急事態準備の取り組みは、法律上、単なる自然災害対策ではなく、国家安全保障の一面を有しているのである。

2）国土安全保障法

スタフォード法の規定は、大規模災害および緊急事態が発生した場合の連邦政府による対応・復旧援助、あるいは事前の軽減措置に対する取り組みへの援助に焦点が置かれている。これに対し、現在、連邦政府が全米規模の緊急事態管理システムを整備するための法的根拠を付与しているのが2002年に制定された国土安全保障法（HSA）である。国土安全保障法の主眼はテロ対策の強化にあり、その内容は国境・移民管理、インフラ防護、サイバーセキュリティ、そして緊急事態管理など多岐に渡っている＊31。2001年の同時多発テロ発生以前にも、テロ発生時の被害対応・復旧活動に関する取り組みは「結果（被害）管理（Consequence Management)」として対策が講じられていた＊32。しかし、同時多発テロの被害規模とその初動対応を巡る議論から、連邦～地方の各政府、さらに民間セクターを対象に、あらゆるハザードに対して効果的に対応できる体制を再整備する動きが加速した。その結果、2002年11月に連邦政府内で分散していたテロ対策、国境・移民管理、インフラ防護、緊急事態管理の一元化を目的とする国土安全保障法が制定され、翌03年には関連行政を統轄する新たな組織として国土安全保障省（DHS）が新設された＊33。これに伴い、FEMA を含む22の関連する連邦機関やプログラム、約180,000人の職員が DHS に移管されることになった＊34。このような連邦省庁の大規模再編は、現在の国家安全保障会議（National Security Council: NSC)、中央情報局（Central Intelligence Agency: CIA)、国防長官職などの設置を定めた1947年国家安全保障法（National Security Act of 1947）制定以来の大改革といわれている＊35。

国土安全保障法における緊急事態管理の規定は、第 V 編「国家緊急事態管理（National Emergency Management）」を中心にまとめられている。同法制定当初は、「緊急事態準備および対応（Emergency Preparedness and Response）」という名称でFEMAが保有していた責務・権限をDHSの緊急事態・準備担当次官に移管するとともに、組織自体もその監督下に配置した＊36。しかし、当初からテロ対策に比重を置いた制度・組織改革には批判があり、2005年のDHS独自の組織改革（2SR）、そしてハリケーン・カトリーナ（Katrina）での対応失敗と検証を踏まえて制定された2006年ポスト・カトリーナ緊急事態管理改革法（Post-Katrina Emergency Management Reform Act of 2006, PKEMRA）により大幅に修正され、現在の形になっている＊37。

PKEMRAにより、FEMAはDHS内での独立組織としての地位が保証され、FEMA長官は“Administrator”としてDHSの副長官クラスに格上げされた（※クリントン政権期にはFEMA長官［Director］は閣僚級の地位を保有していた）。FEMA長官は、連邦政府の緊急事態管理全般に関する大統領、国土安全保障会議（Homeland Security Council）、国土安全保障長官の「首席助言者（principal advisor）」であり、彼らの要請に応じてだけでなく、自らが必要と判断した場合には緊急事態に対する準備・防護・対応・復旧・軽減に関して助言を行うとともに、議会に対しても勧告を行うことができる。また、災害時には大統領が閣僚級に指定することも可能となっている＊38。しかも、DHS長官が、上記に影響を及ぼすような機能、ミッション、資産などの移管を議会の法改正を経ずに行うことは制限されている。さらに、PKEMRAにより、FEMAはそれまでに保有していた機能に加え、DHS内の緊急事態管理に関する機能や補助金プログラム（サイバーセキュリティ、インフラ防護関係の一部を除く）も担うことになった。

現在のHSAにおいて、FEMAの主たるミッションは、「準備・防護・対応・復旧・軽減からなるリスク・ベースの包括的な緊急事態管理システムを主導および支援することによって、人命および財産の損失を減らし、自然災害、テロ、その他の人為的災害といったすべてのハザードから国を守ること」と規定されている＊39。具体的な活動として法的に定められているのは以下の通りである。

A）大惨事を含む自然災害、テロ、その他の人為的災害のリスクに対する準備・防護・対応・復旧・軽減のための取り組みを主導する。
B）緊急事態管理に関する国家的なシステム構築するため、州・地方・部族の各政府や緊急事態対応従事者、民間セクター、非政府組織と提携して、大惨事を含む自然災害、テロ、その他の人為的災害に対応するための国の資源を効果的かつ効率的に最大限活用できるようにする。
C）自然災害、テロ、またはその他の人為的災害に際して、効果的かつ迅速に人命救助、あるいは財産、公衆衛生および安全を保持するのに不可欠な援助を、必要かつ適切なときに行える連邦の対応能力を形成する。
D）FEMA の緊急事態に関する準備・保護・対応・復旧・減に係わる責務を統合し、自然災害、テロ、その他の人為的災害に係わる課題に効果的に対処する。
E）強固な地域オフィスを形成・維持し、州・地方・部族の各政府、緊急事態対応従事者、その他の該当する組織が共同で地域の優先課題を特定し、それらに取り組めるようにする。
F）国土安全保障長官の指導の下、沿岸警備隊総司令官、CBP 局長、ICE 局長、国家オペレーション・センター、省内のその他の機関や事務局と調整を行い、省内にある広範囲におよぶ資源を最大限活用できるようにする。
G）予算、訓練、演習、技術援助、計画立案、およびその他の援助を提供することにより、自然災害、テロ、その他の人為的災害に対応するために必要な部族、地方、州、地域、国家の能力（通信能力を含む）を形成する。
H）準備に関して、リスク・ベース、かつ all-hazards の戦略を形成し、その実施を調整することにより、自然災害、テロ、その他の人為的災害に対応するために必要な共通能力を形成すると同時に、国にとって最大のリスクをもたらす特定タイプのインシデントに対応するために必要な固有の能力も形成する＊40。（※これが All-hazards Approach の法的定義）

これらの法的に設定された活動を行うため、準備・防護・対応・復旧・軽減に関する連邦政府内の関係組織、連邦・州・部族・準州・地方の各政府間関係、そして民間レベルの活動を総合的に調整・管理できる仕組みを作ることが FEMA の主要な責務となっている。その中には、テロ攻撃や大規模災害に対応するための包括的な国家インシデント・マネジメント・システムを連邦・州・地方政府の関係当局と協力して構築することが含まれている*41。

3．国家準備システムの形成：国内危機管理の一元化

緊急事態管理制度の土台は、スタフォード法や国土安全保障法を中心に基礎的部分が形成されているが、その具現化に関する責務は大統領および所管組織である DHS/FEMA に委ねられている。インシデント発生時の対応には、DHS/FEMA だけでなく、連邦政府内の各省庁が協力する全政府的取り組みが必要となる上、支援対象である州・地方政府との協力が不可欠となる。専門性の異なる複数の組織が参加し、その責務や権限が様々である中で、円滑な組織間の調整や取り組みの統一（Unity of Effort）を実現するためには、平素から多組織間連携を前提とした体制を構築する必要がある。特に分権的性質が強い米国ではこの点が強く意識され、2000年代以降は連邦主導の下で国家規模の統合システムを形成しようとする傾向が見られる。

1）9.11 後の国家準備体制の整備：HSPD-5 と HSPD-8

国土安全保障法制定以前の1990年代、連邦政府の緊急事態管理に関する政策方針は、連邦対応計画（Federal Response Plan: FRP）［1992年公表］により示されていた*42。FRP は、スタフォード法に基づく大規模災害および緊急事態の宣言時における連邦政府の対応を体系化するために作成されたものであり、特徴の一つとして事前に支援に関する各省庁の役割を機能別で明確に割り振る緊急事態支援機能（Emergency Support Functions: ESF）を導入していた点があげられる。同計画書は対応面が中心となっていたが、復旧活動に関しても取り扱っており、のちに災害予防が重視されるようになると軽減に関する要素も付加されるなど、緊急事態管理に関する包括的な政策文書という一面を有していた。また、FEMA は同時期に州・地方政府が計画立案する際のガイド書も公表していた。当時の計画は、

All-hazards Approachに基づく能力形成を重視した設計になっており、附則という形でテロ対策や民間防衛（のちに削除）も取り扱っていた。とはいえ、実質的には当時の社会的要請を踏まえ、自然災害対策の強化に主眼を置くものであったといえる。

この流れが変化するのが、9.11同時多発テロとその後の国土安全保障法の制定である。国土安全保障法第15条および第16条の規定に従い、当時のブッシュ（George W. Bush）政権は緊急事態管理に関してテロ対策の強化という安全保障上の側面から再評価を行い、国家レベルでの指針の整備を急いだ。その結果、二つの国土安全保障大統領指令（Homeland Security Presidential Directive: HSPD）が出された。そのうちのひとつが、2003年2月のHSPD-5「国内インシデントの管理（Management of Domestic Incidents）」である。HSPD-5は、「テロ攻撃、大規模災害、その他の緊急事態の予防・防護・対応・復旧」を実施するため、「国内インシデント管理に関する単一の包括的なアプローチ（single, comprehensive approach）」の形成を求めている。その実現のために、標準化ツールであるNIMS（後述）とともに作成されることになったのが国家対応計画（National Response Plan: NRP）である。NRPを作成する目的は、①国内インシデントの対応に関する国家レベルの政策方針と、連邦による州・地方政府の支援または連邦が直接その責務を果たす際の業務上の指示を構造化する、②連邦内における既存の関連する計画を一元化する、③インシデントの報告、評価の提供、そして大統領・長官などに勧告を行うための一貫したアプローチを提示する、④テスト、演習経験、情報技術による継続的改良のための要件を提示する、ことであった。同指令に基づき2003年に初期NRP、翌2004年に正式版のNRPが公表され、FRPに取って代わった＊43。

HSPD-5発行後すぐに、ブッシュ政権は新たな指令であるHSPD-8「国家準備（National Preparedness）」を公表している。HSPD-8の主眼は、国家準備目標（National Preparedness Goal）の作成とその実現にあった。国内での差し迫った、または実際のテロ攻撃、大規模災害、その他の緊急事態の予防・対応・復旧に関して国内でのAll-hazardsに基づく国家的な準備目標を求めるとともに、連邦の州・地方政府に対する準備援助の提供や、連邦・州・地方組織の準備能力を強化するための指針を示すというものであった。同文書も、HSPD-5同様、テロ対策の強化を意識したものであり、米国でのAll-hazards準備に関して調整を担当する連邦政府の主席担当官（Principal Federal Official）としてDHS長官を指定していた＊44。また、準備に関して、全米を対象に評価を行うための測定基準と評価実施のためのシステムを導入することも定められていた。具体的には、目標実現に向けた連邦による州政府向けの援助プログラムの確立、州・地方の担当者や民間セクターと協力して初動対応従事者の装備の標準化と互換性を確保、包括的な訓練と演習に関するプログラムの形成を求めていた。特に、装備開発や訓練・演習では、民間セクターとの調整・協力することを明記するとともに、準備活動に関する市民の参加・協力を促していた＊45。

２）PPD-8による国家準備システムの形成

これら二つの安全保障指令に基づきテロ対策を主眼に置いたAll-hazards型の準備体制が整備され始めたが、その動きは2005年のハリケーン・カトリーナを境に再度修正されることになった。PKEMRA（2006年）により、国家準備目標と国家準備システムの形成が明記されるとともに、All-hazards approachの原点に回帰するような形で再設計することが求められた。それに応じる形でブッシュ政権期に見直しが実施されたが、その取り組みは後のオバマ（Barack Obama）政権期まで続くことになる。オバマ政権誕生から約2年を経て、新たな政策指令として公表されたのがPPD-8（Presidential Policy Directive 8: PPD-8）「国家準備（National Preparedness）」である。

PPD-8は、HSPD-8に取って代わる形で導入されたものであり、その中で国家レベルの包括的なシステムを形成するための指針となる「国家準備目標（National Preparedness Goal）」を設定するとともに、その目標を達成するための「国家準備システム（National Preparedness System）」を整備することが定められた＊46。その中で、国家準備目標については、「テロ行為、サイバー攻撃、パンデミック、そして壊滅的な自然災害を含む国家の安全に最大のリスクをもたらす脅威に対し、体系的な準備を通じて米国のセキュリティとレジリエンスを強化する」ことと規定され、その実現のために予防（主としてテロ防止）・防護・軽減・対応・復旧の各ミッション・エリアで整備すべき中核能力（Core Capabilities）が示されている（図5参照）＊47。これは戦略国家リスクアセスメント（Strategic National Risk

<table>
<tr><th>予防
Prevention</th><th>防護
Protection</th><th>軽減
Mitigation</th><th>対応
Response</th><th>復旧
Recovery</th></tr>
<tr><td colspan="5">計画立案　Planning</td></tr>
<tr><td colspan="5">情報公開および警報　Public Information and Warning</td></tr>
<tr><td colspan="5">オペレーションの調整　Operational Coordination</td></tr>
<tr><td colspan="2">インテリジェンスおよび情報共有
Intelligence and Information Sharing</td><td rowspan="4">コミュニティの
レジリエンス
Community
Resilience

長期の
脆弱性低減
Long-term
Vulnerability
Reduction

リスク・災害レジリエンスの評価
Risk and
Disaster
Resilience
Assessment

脅威および
ハザードの特定
Threats and
Hazards
Identification</td><td colspan="2">インフラ・システム
Infrastructure Systems</td></tr>
<tr><td colspan="2">（脅威/ハザードの）阻止および途絶
Interdiction and Disruption</td><td rowspan="3">緊急輸送
Critical
Transportation

環境対応／
安全衛生
Environmental
Response/
Health and
Safety

死亡者管理
サービス
Fatality
Management
Services

火災管理・制圧
Fire
Management
and
Suppression

ロジスティクスと
サプライチェーン
管理
Logistics and
Supply Chain</td><td rowspan="3">経済復旧
Economic
Recovery

健康・社会
サービス
Health and
Social Services

住宅
Housing

自然および
文化的資産
Natural and
Cultural
Resources

スクリーニング、
捜索、捜査
Screening,
Search, and
Detection</td></tr>
<tr><td colspan="2">スクリーニング、捜索、捜査
Screaning, Search, and
Detection</td></tr>
<tr><td>フォレンシックと
アトリビューション
Forensics and
Attribution</td><td>アクセス管理と
身元証明
Access Control
and Identity
Verification

サイバー
セキュリティ
Cybersecurity

物理的
防護措置
Physical
Protective
Measures

防護プログラム
および活動の
リスク管理
Risk
Management</td></tr>
</table>

	for Protection Programs and Activities サプライチェーンの完全性と保安 Supply Chain Integrity and Security		Management マス・ケア（被災者支援）サービス Mass Care Services 大規模捜索・救助オペレーション Mass Search and Rescue Operations 現場保安、防護、法執行 On-scene Security, Protection, and Law Enforcement 業務通信 Operational Communications 公衆衛生、健康管理、緊急医療サービス Public Health, Healthcare, and Emergency Medical Services 状況評価 Situational Assessment	

図5 国家準備目標によって指定されている中核能力（Core Capabilities）
出典: DHS (2015) *National Preparedness Goal*, 2nd ed., p.3 をもとに筆者が作成

Assessment; SNRA）で指定された23の国家規模のハザード／脅威（自然・技術・人為）に関するリスク分析・評価に基づいて抽出されたものである＊48。そのため、中核能力はハザードの種類に関係なく緊急事態管理全般に共通して必要なものという位置づけになっている。

中核能力の形成・維持に関しては、国家準備システムで定められた6つの要素（①リスクの特定・評価、②能力要件の見積もり、③能力の構築・維持、④能力提供のための計画作成、⑤能力の認証、⑥再評価・更新）で構成される一連のサイクルを通じて行われ＊49、その内容は国家準備システムにおけるあらゆる計画立案・能力構築に反映される。ここから6つの要素について確認していく。

・リスクの特定および現状能力の評価

準備目標を実現するためには、国家が直面している脅威やリスクを特定する必要がある。そのため、全米の関係機関が脅威・リスクの評価を統一した形で実施するため、国家リスク能力評価（National Risk and Capability Assesement: NRCA）を通じて必要なデータや手法が提供されている。このプログラムの中でリスク分析を共通化するためのツールとして用意されているのが「脅威・ハザードの特定およびリスク評価（Threat and Hazard Identification and Risk Assessment: THIRA）」である＊50。THIRAによる評価の実施は、州・地方・部族・領土（State, Local, Tribe, Territory: SLTT）の各政府機関が連邦から補助（例：国土安全保障補助プログラム、部族国土安全保障補助プログラム、緊急事態管理パフォーマンス補助プログラム）を受けるための要件になっている。なお、国家レベルでは、FEMA が実施することになっており、現在では大規模地震、パンデミック、生物兵器攻撃、簡易核兵器、宇宙気象が強化対象として指定されると同時に、サイバー・セキュリティ、無人航空機システム、電磁パルスを新興のリスクに設定するなど、対象は自然・技術・人為のハザードに及ぶ＊51。さらに、現状の能力や今後必要とされる能力を特定するためのツールとしては、ステークホルダー準備レビュー（Stakeholder Preparedness Review）があり、THIRA で特定されたリスクに対する能力レベルの評価を実施し、各管轄は特定されたギャップを埋めるための投資、それに連なる予算要求等に必要なデータを特定していくことになる。その際には、国家準備目標で示さ

図6 PPD-8と国家準備関連の政策文書との関連性
出典: DHS (2019) *NRF*, 4th ed, p. 49 および DHS (2016) NRF, 3rd ed. p .49 の図をもとに筆者が作成

れた5つのミッション・エリア（予防・防護・軽減・対応・復旧）および中核能力をベースに評価を行う＊52。

・能力構築・維持のための計画

具体的な中核能力の形成は、「国家計画立案システム（National Planning System）」の中で用意される指針や諸計画に沿って実施されることになる。国家計画立案システムの中で柱になっているのが、All-hazards ベースで、予防・防護・軽減・対応・復旧のミッション毎に作成されるフレームワーク（Framework）と呼ばれる戦略文書である（図6参照）＊53。

国家予防フレームワーク（National Prevention Framework）は、州・地方・部族・領土（SLTT）、連邦レベルの機関・個人が国土に対する差し迫ったテロの脅威にどのように対応し、どのように調整を行うのか、ということに関する指針を示したものである＊54。

国家防護フレームワーク（National Protection Framework）は、連邦から地方に至る全レベルの政府、民間・非営利セクター、個人が、予想外のインシデントや災害に対して安全と防護を実現するための方法を概説したものである。国内における脆弱性をなくすため、必要となる能力の構築や資源の配置をコミュニティ全体で行うように促すのが狙いとなっている＊55。

国家軽減フレームワーク（National Mitigation Framework）は、コミュニティ全体で潜在的リスクに対する自覚の向上と軽減に関する取り組みや資産への投資を促すことを目的に、国家的なリスク管理、さらに災害のインパクトを減らす際の調整および取り組みのための共通のプラットフォームを提示している＊56。

そして、計画立案フレームワークの中で最も有名かつ重視されてきたのが、国家対応フレームワーク（National Response Framework: NRF）である。NRF は、自然・人為を問わず大規模災害発災前後の短期間における対応業務・活動を対象にした内容になっている。その中では、全コミュニティが果たすべき責務と役割が確認されるとともに、スタフォード法適用・非適用時の組織間調整の構造が規定されている。連邦機関による中核能力の提供については、緊急事態支援機能（Emergency Support Function: ESF）を通じて行われることになっており、15の機能を提供する際の調整当局、主管当局、支援機関とそれぞれの役割が定められている（図7参照）＊57。

緊急事態支援機能（ESF）	調整担当	概　要
ESF #1 : 交通 Transportation	運輸省	交通システムやインフラの管理、交通の統制、国内空域の管理、国家交通システムの安全とセキュリティーの確保に向けた支援を調整
ESF #2 : 通信 Communications	DHS： サイバーセキュリティー&インフラ保安局	重要通信インフラやサービスの再構築や提供のために政府および産業の取り組みを調整し、悪意ある活動（例：サイバー）からのシステムとアプリケーションの安定性を促進。それとともに、対応活動（例：緊急通信サービスや緊急警報・テレコミュニケーション）に対する通信支援を実施
ESF #3 : 公共事業 Public Works and	DOD： 陸軍工兵隊	災害やインシデントに対する準備・対応・復旧のため、サービス、技術援

Engineering		助、エンジニアリングの専門知識、建設管理、その他の支援の提供を促進する能力や資源を調整
ESF #4：消防 Firefighting	農務省：米国林野局および DHS/FEMA：米国消防局	火災の検知および鎮火のための支援を調整
ESF #5： 情報および計画立案 Information and Planning	DHS/FEMA	連邦政府の調整を要するようなインシデントに関連するオペレーションの計画立案および調整を支援・促進
ESF #6：被災者支援、緊急援助、仮設住宅、福祉 Mass Care, Emergency Assistance, Temporary Housing, and Human Services	DHS/FEMA	マス・ケア［被災者支援］と緊急援助の提供を調整
ESF #7：後方支援 Logistics	一般調達局（GSA）および DHS/FEMA	被災者や対応従事者のニーズを満たすため、インシデント用資源の総合的な計画立案、管理、維持に係わる能力を調整
ESF #8： 公衆衛生および医療サービス Public Health and Medical Services	保健福祉省（HHS）	公衆衛生や医療関連の災害またはインシデント、あるいはそれらの可能性に対応する際の援助に関するメカニズムを調整
ESF #9：捜索・救助 Search and Rescue	DHS/FEMA	人命救助に関する専門的な援助を提供するため、捜索・救助資源の早期展開を調整
ESF #10： 原油・有害物質対応 Oil and Hazardous Materials Response	環境保護庁（EPA）	原油や危険物質の流出や放出、またはそれらの可能性に対する対応への支援を調整
ESF #11： 農業および天然資源 Agriculture and Natural Resources	農務省	国家の食糧供給の保護、農業に影響を及ぼす虫害や疾病への対応、自然・文化資源の保護などの様々な機能を調整
ESF #12：エネルギー	エネルギー省	被害を受けたエネルギー・システムと

Energy	(DOE)	コンポーネント（構成部分）の再構築を促進。放射性物質／核物質関連のインシデント期間中に技術的な専門知識を提供
ESF #13： 公安およびセキュリティー Public Safety and Security	司法省：アルコール、たばこ、火器&爆発物取締局	公安およびセキュリティに関する能力とリソースを統合し、インシデント・マネジメントの活動全体を支援できるように調整
ESF #14： 分野横断のビジネスとインフラ Cross-Sector Business and Infrastructure	DHS：サイバーセキュリティー&インフラ保安局	セクター間のカスケード障害を適切に予防または軽減するため、インフラ所有者および運営者、企業、政府パートナーのセクター横断的な活動を調整
ESF #15：広報関係 External Affairs	DHS	政府、メディア、NGO、民間企業などの影響を受けた人々に対して正確かつ組織化され、タイムリーでアクセスしやすい情報を提供できるように調整。

図7 NRFにおける緊急事態支援機能（ESF）
出典: FEMA (2017) *NRF*, 4th ed, pp. 39-40 の表をもとに筆者が作成

復旧面に関しては、国家災害復旧フレームワーク（National Disaster Recovery Framework）が公表されている。緊急事態および災害、特に大規模災害や大災厄（Catastrophe）からの復旧に向けて、州・地方・準州・部族レベルで協調的かつ統一した形で災害復旧管理者が活動するための構造を示している。その中では、連邦・州・地方レベルで復旧活動の調整に当たる調整官の役割と責務が明記されるとともに、NRF の ESF に相当する復旧支援機能（Recovery Support Functions: RSF）を通じて連邦各省庁の役割分担が明確化されている（図8参照）＊58。

復旧支援機能（RSF）	調整担当	概　要
コミュニティの計画立案および能力構築 Community Planning and Capacity Building	DHS/FEMA	連邦政府全体、さらに NGO パートナーが保有する専門性や援助プログラムを統合・調整。地方政府や部族政府が、復旧計画の作成および管理を効果的に行い、復旧計画の立案プロセスにコミュニティ全体を関与させるよ

		うな地元の能力の構築を支援する。
経済復旧 Economic Recovery	商務省	連邦政府が保有する専門性を統合し、地方、地域／都市部、州、部族、準州、島嶼エリアの各政府、そして民間セクターがビジネスや雇用の維持または再建、経済機会の促進を行えるように助力。それにより、インシデント後に持続可能かつ経済的に強靱なコミュニティを実現できるように支援する。
保健・社会福祉サービス Health and Social Services	保健福祉省（HHS）	公衆衛生、医療施設や組織（coalitions）、基本的社会福祉のニーズに対処するため、地方主導の復旧事業を支援する連邦の枠組みを提示する。
住宅 Housing	住宅都市開発省（HUD）	連邦資源の提供を調整・促進することで、コミュニティ全体のニーズを効果的に支えるとともに、持続性と強靱性にも寄与するような形で住居問題を解決する。
インフラ・システム Infrastructure Systems	陸軍工兵隊	実現かつ持続可能なコミュニティを支援するとともに、将来のハザードに対する強靱性や保護を向上するため、インフラ・システムやサービスの回復を効率的に行えるように活動する。
自然・文化資源 Natural and Cultural Resources	内務省	連邦政府の能力を統合し、適切な対応・復旧活動を通じて自然・文化資源や歴史的資産の保護を支援。災害後のコミュニティの優先度と合致し、そして環境および歴史保存に関する法律や行政命令に準拠する形で保存・保護・修繕・回復できるようにする。

図8 NDRFの復旧支援機能（RSF）

出典: FEMA (2017) *NDRF*, 2nd ed, pp. 38-40 の表をもとに筆者が作成

以上の戦略文書であるフレームワークの内容に則して、連邦政府や州・地方政府は具体的な業務計画書を作成することになる。連邦政府レベルでは、NRF に加え、各ミッションの中核能力を省庁間連携で実現するためのより具体的な方針を示した連邦省庁間オペレーション計画（Federal

Interagency Operational Plan: FIOP）が別途用意され、それらに基づき各省庁がそれぞれの緊急事態管理業務計画を作成することになる＊59。そして、連邦政府の援助を受ける州・地方・部族・領土（SLTT）の各政府、民間事業者、NGO などすべてのコミュニティが、リスク評価や保有する資源・能力を踏まえて、それぞれの緊急事態管理計画を作成する＊60。

この一連の計画立案とそれに沿った実際の能力・資源整備により、DHS/FEMA は、連邦から地方に至る各政府や民間組織内でハザードの種類や規模に関係なく適用可能な柔軟性（Flexibility）や拡張性（Scalability）に加え、円滑な組織間調整や取り組みの統一（Unity of Effort）を可能にする相互運用性（Interoperability）を備えた体制を構築することを目指している。

なお、米国の緊急事態管理に関する政策文書・計画は比較的体系化されているものの、連邦以外の州・地方・部族・領土（SLTT）の各政府による計画作成を支援するため、FEMA は以下のガイダンス書（包括的準備ガイド［Comprehensive Preparedness Guide（CPG）］）も用意している（※ CPG 201 は、リスク特定・評価の解説で紹介したものと同一）。

- CPG 101：緊急事態オペレーション計画（Emergency Operations Plan）の作成・維持＊61
- CPG 201：脅威・ハザードの特定およびリスク評価（THIRA）、並びにステークホルダー準備レビュー（SPR）ガイド＊62
- CPG 502：統合センター（Fusion Center）および緊急事態オペレーションセンター（Emergency Operation Center）の調整に関する留意事項＊63

  ※統合センター（Fusion Center）：連邦政府と SLTT 各政府の法執行や公共安全に関わる機関、さらに民間セクターのパートナー組織が、脅威関連情報の受領・分析・収集・共有を支援する目的で、州および大都市圏に設置されている。運営は主として州政府が担っている。

・能力に関する有効性の確認と評価

計画に基づき形成・維持されている能力が実際の緊急事態や災害に対して機能しうるか否かをチェックするため、国土安全保障演習・評価プログラム（Homeland Security Exercise and Evaluation Program: HSEEP）が用意されている＊64。これは、演習の設計、開発、実施、評価に関する指針をまとめたものであり、これに基づいて関係機関が演習の準備・参加を行うことが期待されている。また、演習に関しては、アフターアクション・レポート（After Action Report: AAR）の作成とそれに基づく改善計画を作成することが勧められている。さらに、PKEMRA により、国家レベルの演習が義務化さており、2年サイクルで自然災害と悪意ある敵対行動（例えばテロ）のシナリオを交互に実施することになっている。シナリオと目標の設定は、国家安全保障会議（NSC）が安全保障上の戦略的優先度に基づき設定している＊65。

なお、システムの評価に関しては、FEMA から国家準備レポート（National Preparedness Report: NPR）が毎年発行されており、現在直面している脅威や予想される国家的リスクの解説に加え、それらを踏まえた能力ターゲットの分析、さらに準備目標の実現に向けた進捗状況の評価を公表している＊66。

・小　括

このように、米国は、国家準備目標と国家準備システムを通じて、PKEMRA や大統領令で示された要請、すなわちハザードの種類を問わずあらゆる脅威ないしリスクに対応可能な国家レベルでの体制を体系的かつ効果的に実現するため、コミュニティ全体（連邦から地方に至る各政府機関はもちろん、民間セクターや個人）の取り組みを統合するための共通基盤を形成してきたのである。その結果、国内危機管理・災害対策は、歴史的にも、法的にも、地方政府が主体に位置づけられる一方で、事前の「準備」という点に関しては連邦の政策や意向が強く反映される仕組みになっている。このことは、連邦制国家である米国の国内危機管理において集権的要素が強まっていることを示唆しているが、それは単に効率化という機能上／財政上の理由のみに基づくものではない。この傾向が国土安全保障法制定以降に強まったこと、さらにそれ以前の民間防衛による国家的な体制の構築という歴史的要素も鑑みると、米国の国内危機管理が国家安全保障の一部に組み込まれていることと深く関係しているのである。

Ⅱ．米国における「標準化」の歴史的変遷：
ICS から NIMS へ

1．ICS（インシデント・コマンド・システム）：「標準化」の起源

大規模な緊急事態や広域に及ぶ大災害が発生した際、その対処には現場の初動対応従事者のみならず、政府、NGO、民間など数多くの組織や人々が関与することになる。管轄、権限、専門性が異なる組織や人員が共通の目標・目的に沿って合同で活動するためには、使用する装備や通信の規格はもちろん、計画立案から実際の活動における手続きや用語をできる限り共通化しておかなければならない。実効性を備えつつ、効率的な多組織間連携を可能にするためのツールとして昨今広く知られるようになったのが、米国で開発されたインシデント・コマンド・システム（Incident Command System: ICS）である。

ICS の起源は、1970年代のカリフォルニア州における大規模林野火災対策にまで遡ることができる。きっかけとなったのは1970年の南カリフォルニアで発生した大規模山林火災で、その被害は700以上の建造物および50万エーカー以上が焼失し、被害額は2億3400万ドルに及んだ。事態を重くみた農務省の米国林野局（U.S. Forest Service）は調査を実施し、その結果、被害規模が拡大した原因として、対応従事にあたった各消防組織の連携不足にあったことが明らかとなった。その一例として、同一インシデントに複数の組織が個別の指揮所やキャンプを開設する一方、組織構造、専門用語、通信規格等がバラバラで、現場レベルの調整で障害となっていた。また、資源管理に関する共通のメカニズムもなかったため、無駄な重複や逆に必要なところに資源が行き届かないという事態を引き起こした＊67。

この経験を踏まえ、林野局は、南カリフォルニアでの関係当局と協力して、林野火災対策における多組織間連携システムの開発に着手した。そのために編成されたのが、FIRESCOPE（Firefighting Resources of California Organized for Potential Emergencies）である（※ FIRESCOPE に参加した組織は、米国林野局カリフォルニア地域（Regionnnnnnnn）、カリフォルニア州森林・消防局［California Department of Forestry and Fire Protection］、知事緊急

事態室［Governor's Office of Emergency Services］、ロサンゼルス［Los Angeles］、ベンチューラ［Ventura］、サンタ・バーバラ［Santa Barbara］の各郡消防局、ロサンゼルス市消防局［Los Angeles City Fire Department］）。FIRESCOPE でのシステム形成にあたっては、協力機関の間で以下の原則を確認している。

・対応にあたる機関の共通性および画一性が対応上のパフォーマンスを向上させる
・効果的な危機管理にとってタイムリー、正確、かつ完全な情報が最も重要である
・インシデント・マネジメントの手続きは地域調整システムの統合・支援が行えるように設計する
・現代技術を消防に効果的に組み入れて、対応パフォーマンスを向上させる＊68

この原則に基づき、FIRESCOPE では、関係組織の法的・政治的要件や制約に見合う指揮システムや調整メカニズムを形成することになった。その結果誕生したのがインシデント・レベルの管理業務で使用される ICS と、インシデント・レベル以上の政策調整を目的とした MACS（Multiagency Coordination System：多組織間調整システム）である。

FIRESCOPE の ICS は、1972年頃から開発が始まったが、その設計にあたっては国防総省や米軍のシステム開発を担当していた企業（Aerospace Corporation、Mission Research Corporation、ランド研究所［RAND Corp］系列の System Development Corporation など）が受注している。また、多様な経歴を持つ人々（林野火災対応の経験に加え、システム工学、経営管理、行政、軍経験者など）が参加したこともあり、各分野の知識・経験が取り入れられた＊69。

そもそも、ICS の指揮システムは完全にゼロから設計されたものではない。ICS 開発以前、米国では第二次世界大戦からの帰還兵が軍の指揮・管理システムを応用して作成した Large Fire Organization（LFO）というシステムを使用していた。そのため、設計当初はこれを踏まえた上で、2つ以上の機関が合同の取り組みに参加する際、効果的な調整活動を行うた

めに必要となる単一の用語、手続き、組織構造を提供するシステムを設計しようとした。それにより作成されたのが ICS の原型となる現場指揮オペレーション・システム（Field Command Operations System）と呼ばれたものである。その中では、資源状態の監視、状況評価、後方支援、意思決定のライン、業務ニーズを満たす能力、といったシステム管理に必要な機能上の要件が設定され、それに見合う組織として指揮（Command）、オペレーション（Operation）、計画立案（Planning）、後方支援（Logistics）、財務（Finance）の各セクションで構成される組織構造が形成された（指揮、オペレーション、計画立案、後方支援、財務の各セクションには特定機能上の責務を有したサブユニットを配置）＊70。

この新たな現場指揮オペレーション・システムは1974年に公表されたが、その後すぐに設計メンバーの意向を踏まえて名称変更となり、現在の「ICS」になったのである。この背景には、設計メンバー内で当初から ICS を林野火災だけでなく、All-hazards に適用することを想定していて、幅広い人にイメージしやすく、使いやすい表現を使用することを意識したからと言われている。実際、1976年後頃から林野火災以外でも非公式に利用されるようになり、最終的に FIRESCOPE 自体が All-hazards 適用に修正されている＊71。

南カリフォルニアの林野火災対策として開発された ICS は、その後全米へと普及していく。そのきっかけの一つになったのが、国家林野火災調整グループ（National Wildfire Coordinating Group: NWCG）による ICS の採用である。ほぼ同時期に多組織間連携システムの開発を目指していた NWCG は、FIRESCOPE の開発状況とその実績を踏まえ、全米レベルで ICS を適用するために国家多組織間インシデント・マネジメント・システム（National Interagency Incident Management System: NIIMS）を形成している。内容としては、ほぼ FIRESCOPE の ICS と MACS を採用していた。その上で、NWCG は、ICS に基づく訓練と資格基準を同グループ内における要職の資格要件にするなど踏み込んだ施策を行っている＊72。その意味で、NIIMS は ICS と MACS を使用した全米規模での緊急事態管理の標準化の先駆けといえる。

上記以外にも、全米消防協会（NFPA）の規格に ICS が導入されたり、FEMA も1983年に国家消防アカデミーのカリキュラムに採用するなど、段階的に全米の消防組織の標準的なモデルとして使用されるようになっていった。また、法執行機関など消防以外の機関もICSを調査し、自らの対応手続きに採用するという流れの中で、多分野にも広がっていったのである*73。

他方で、ICSと同時に開発された多組織間調整メカニズムであるMACSは、ICSと対照的なプロセスを辿っている。1974年にMACSの機能およびオペレーション調整センター（Operations Coordination Center: OCC）のコンセプト・デザインをまとめた文書が公表されたものの、開発が遅れたことや連邦予算のカットの影響に加え、NIIMSの例を除いて全国的な組織で採用されることもなかった。そのため、MACSの存在は2004年にNIMSに採用されるまで、カリフォルニアでの地域レベルの取り組みにとどまった。

このように、ICSの発展過程は、地方に端を発し、その適用が国家レベルへ段階的に広がるというボトムアップの形で推移した。当初は一地方の林野火災という特定のインシデント・災害に焦点を当てた試験的取り組みであったにもかかわらず、その利用実績から他の地域に広まりを見せると同時に、別のハザードが原因となるインシデントへの適用可能性から他分野に拡大していった。そして、最終的には国家レベルのプログラムや組織に採用されるに至ったのである。とはいえ、90年代までのICS普及のプロセスは、一部を除けば、基本的に自発的な取り組みに依存しており、全米レベルの緊急事態管理に係わる組織（※軍を除く）すべてが完全に採用しているわけではなかった。それが実現するのは、2004年のNIMS導入以降のことである。

2．NIMS（国家インシデント・マネジメント・システム）：国家レベルでの「標準化」の実現

2001年の同時多発テロを契機に、米国における緊急事態管理は制度的にも、政策的にも大きな変化を遂げた。国内での未曾有の大規模テロという事態に際して、被災者救助・復旧における対応従事者間の調整だけでなく、それと同時並行で進められる法執行機関と緊急事態管理組織との調整という課題も浮き彫りになった。その課題を克服するための手段として当時注

目を集めたのが、すでに一部で普及していたICSである。そして、ICSを用いて国家レベルでの標準化を実現するという目的で作成されたのが国家インシデント･マネジメント・システム（NIMS）である。

NIMSは、2003年2月に当時のジョージ・W・ブッシュ大統領が打ち出した国土安全保障大統領指令第5号（Homeland Security Presidential Directive 5: HSPD-5）により導入されたものである。「国内インシデントの管理に関する指令（Directive on Management of Domestic Incidents）」というタイトルを持つHSPD-5は、国土安全保障長官に対して、単一の包括的な「国家インシデント･マネジメント・システム」を形成するよう命じている。そこで掲げられていた目標は、「全米のあらゆるレベルの政府が、国内インシデントの管理に関して国家的アプローチを使用することにより、効率的かつ効果的に協力して活動する能力を保有する」というものである。その上で、「合衆国政府は危機管理（Crisis Management ※ここではFBI等の法執行機関によるテロ直後の捜査活動を指す）と結果［被害］管理（Consequence Management ※テロ等により発生した被害への対応・復旧）を二つの個別の機能としてではなく、単一の統合された機能として取り扱う」と規定している*74。HSPD-5は、国内インシデントとしてテロ攻撃、大規模災害、その他の緊急事態を取り上げているが、上記の内容からテロ対策、すなわち法執行機関と緊急事態管理組織の連携を強く意識していたことがわかる。

HSPD-5が掲げる目標を実現するためには、連邦－州－地方間での相互運用性や互換性が極めて重要となる。それゆえ、NIMSには、コンセプト・原則・用語・技術に関するコアセット、資源特定および管理（資源タイプの分類に関するシステムを含む）、資格・認証、インシデントの情報やインシデントの資源の収集・追跡・報告に関する方針を含めることが求められた。また、同指令の規定により、当時連邦政府の緊急事態対応に関する指針を定めたNRPの内容にNIMSを反映することになっていた*75。

そして、HSPD-5の規定で見逃せないのがNIMSの導入を義務化している点である。DHSに限らず、連邦省庁は、国内インシデントの管理や緊急事態の予防・準備・対応・復旧・軽減に関する活動についてはNIMSを使用することが定められた。さらに、2005財政年度以降、連邦政府が州･地方政府に対して緊急事態管理準備に関する補助金などの援助を行う場合、法による制約がない限り、対象が NIMS を導入していることが条件となった*76。この規定は、事実上、州・地方政府による NIMS の採用が義務化されたことを意味していた。

HSPD-5を受けて、2004年にNIMSの初版が公表されている。性質上、内容としては、当初から国内危機管理に通底する基本的コンセプトを示すガイダンス書としての側面が強かった。その後、2005年のハリケーン・カトリーナの際に NIMS の内容が被災した地域で広まっていなかったことが明らかになるとともに、以前よりテロ対策に傾倒していることへの批判もあったため、2008年に改訂版となる第2版が出されている。第2版はその後9年近く使用され、これまで日本で紹介されている NIMS の内容はこの版のものが中心となっている。

3．NIMS（第3版）の特徴

前節で NIMS の変遷を辿ってきたが、ここでは現在公表されている NIMS 第3版（2017）の特徴について概観していく。

現在の NIMS 第3版で示されている目的は、災害やインシデント、または計画的イベントにおいて、それらの規模・頻度・複雑性・範囲に関係なく、連邦から地方に至る各レベルの政府機関・NGO・民間セクターのすべての緊急事態管理に従事する組織や人々が使用する共通かつ相互運用性を備えた包括的アプローチを提供することにある*77。インシデント発生時における人命救助、事態の安定化、資産・環境の保護の取り組みには数多くの組織が参加することから、権限や責務、組織、専門性、能力などが異なる多様な組織や人々を統合し、協力できるようにするための共通の枠組みが必要となる。そこで、NIMS 第3版では、全米での標準化実現に向けて以下の3点に関する指針を示している。

■資源管理［Resource Management］：組織が資源を必要なときにより効果的に共有できるようにするため、インシデントの前やその期間中に要員・装備・補給物資、チーム・施設といった資源を体系的に管理するための標準的なメカニズムを提示

■指揮・調整［Command and Coordination］：オペレーション・レベルやインシデント支援レベルでのマネジメントにおけるリーダーシップ

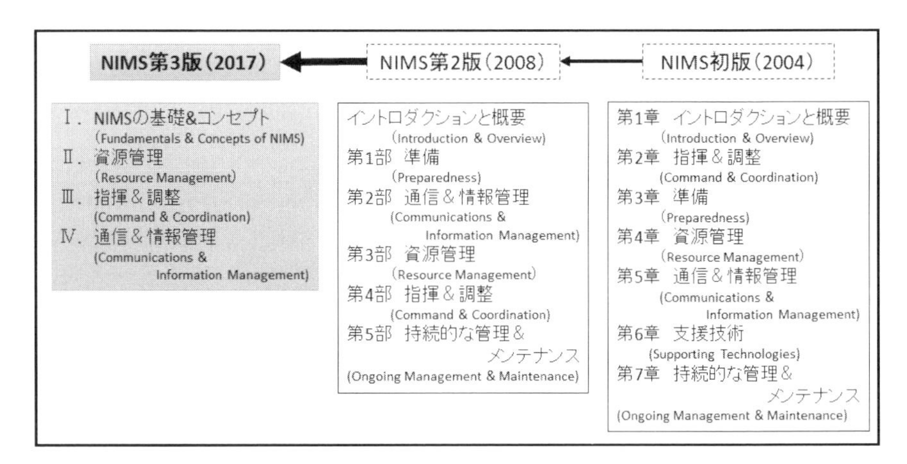

図9 NIMSの構成の変遷

出典：DHS (2004) *NIMS*、DHS (2008) *NIMS*, 2nd ed.、FEMA (2017) *NIMS*, 3rd ed.をもとに筆者が作成

の役割、プロセス、推奨の組織構造を示すとともに、これらの構造がインシデントを効果的かつ効率的に管理するためにどのように相互作用するかを説明

■通信・情報管理［Communications and Information Management］：インシデント要員やその他の意思決定者が決定を行い伝達するために必要となる手段や情報を確保できるようにするシステムおよび方法を提示＊78

NIMS 第3版は、それ以前の初版（2004年）・第2版（2008年）から基本的なコンセプトや原則を継承しつつも、これまでの災害対応や演習・訓練等を通じて得られた教訓、各レベルの政府で緊急事態管理に従事する人々や民間からの意見も反映し、構成や内容を大幅に見直している。図9に示したのは、NIMS 第3版とそれ以前の版との構成を比較したものである。以前と比較してできる限りシンプルな構成にするため、「準備」といったその他の関連文書と記述・内容が重複する部分は削除しており、それに伴い頁数も減っている（第3版：131頁、第2版：168頁、初版：149頁）。また、構成順に関しても、緊急事態管理に従事する人々の資格付与や認定などの人

的資源管理やインシデント前の資源の調達・準備に関する共通プロトコルなどを定めた「資源管理（Resource Management）」を格上げし、その後に緊急事態管理組織がインシデント期間中に「指揮・調整（Command and Coordination）」で採用する共通の組織形態や手続きを示し、最後に「通信＆情報管理（Communications and Information Management）」で共通規格と手法を提示する、という流れに変更している。これは、FEMAが近年強調してきた「コミュニティ全体（Whole Community）（※政府から一個人に至るまですべての組織・人々が当事者として災害対策に取り組むというコンセプト）」を踏まえ、従来のような政府機関の職員や専門家だけでなく、広く一般にも NIMS の内容を比較的容易に理解できるように意識した結果である。

そして、「資源管理」、「指揮・調整」、「通信・情報管理」の各構成部は、「柔軟性（Flexibility）」、「標準化（Standardization）」、「取り組みの統一（Unity of Effort）」という3つの指導原則（guiding principles）に基づいて設計されている。ここでいう「柔軟性」とは、各部の内容がインシデントの種類・頻度・規模を問わず、また組織や管轄の違いを乗り越えて適用可能であるとともに、状況の変化に応じた拡張性を有していることを意味している。「標準化」は、インシデント対応における多組織間の相互運用を実現するため、NIMS を通じて標準的な組織構造や活動、共通の語彙や通信などの規格を規定することで、各管轄や組織間の連携・統合を促進し、協働しやすい環境を整備するというものである。「柔軟性」と「標準化」は以前の NIMS でも掲げられていたが、第3版からは「取り組みの統一」（Unity of Effort）が新たに追加されている。これは、様々な組織が自らの所管の責任や権限を維持することを前提としつつ、相互の活動を調整して共通の目標を達成することの重要性を改めて意識したことを示唆している*79。以上の指針に基づいて3つの構成要素の内容を編成することにより、緊急事態管理の指針およびツールとしてあらゆる組織で利用可能な汎用性を確保しようとしているのである。

１）資源管理（NIMS 第3版第2部）

NIMS 第3版で最初に出てくる構成部は「資源管理」である*80。第2部「資源管理」の内部は、「資源管理準備」、「インシデント期間中の資源管理」、「相互扶助（Mutual Aid）」の3つで構成されている。第2部の狙いは、重要資源の管理に関する活動を再編成して、緊急事態管理に携わる人々が効果的かつ円滑にインシデント前の資源計画の立案、インシデント期間中の資源管理活動、そして組織間の相互扶助に取り組めるようにすることにある。要員に関しては、国家的な資格システム形成のために、資格取得・認定・証明書付与のプロセスを明示化している。さらに、所管当局（AHJ）の役割についても言及している。AHJ とは、州や連邦の組織、訓練機関、NGO、民間企業、警察・消防・公衆衛生といった地方機関など、インシデント関連のポジションにつく要員の資格取得・認定・証明書付与のためのプロセスを形成・管理する法的権限を持つ公的ないし民間セクターの団体のことである。

NIMS では、資源管理を効率化するため、資源分類（Resource Typing）を設定している。分類は、以下の情報に基づき行われる。

・能力：資源が最も有用になる中核能力
・カテゴリー：資源が最も利用される可能性がある機能（消防、法執行、衛生・医療など）
・種類：要員・チーム・施設・装備・供給物資のような大別
・タイプ：資源がその機能を発揮する最小能力のレベル。サイズ、パワー、能力（装備に関して）、経験または資格（要員、チームに関して）

これらにより、要員の能力・装備・チーム・供給物資・施設に関する定義を共通化が図られている。なお、資源分類の定義や要員の職位／ポジション資格に関する情報は FEMA の「資源分類ライブラリー・ツール（Resource Typing Library Tool: RTLT）」というオンライン・カタログで提供されている＊81。

要員の資格認定に関してもその定義やプロセスが明確に提示されている。それというのも、AHJ が緊急事態要員を展開した際、実際割り当てた職務や役割を遂行できるかどうかを判断する指標となるからである。「資格取得（Qualification）」は、要員が訓練、経験、身体的・医療的適合性、能力といった特定のポジションにつくために基準を満たすことである。「認定／再認定（Certification/Recertification）」とは、AHJ または第三者からある個人が特定のポジションにつく資格があると認めることを指している。そのことを本人確認も含め文書あるいは ID カードや記章などの形で明示的に示すことを「証明書付与（Credentialing）」と呼んでいる。これらのプロセスの詳細については管轄毎に特有のものがあることを認める一方、国家的に標準化された基準や最低要件に沿う形で行うことで、一貫した資格認定や証明の土台が形成でき、相互扶助における要員の共有も容易になると考えられている＊82。

資源の準備活動に関しては、以下のプロセスを提示している。まず、インシデントの前に管轄や組織が資源計画を作成する。この資源計画の立案には、脅威の評価や脆弱性に基づく資源要件の特定や、必要な資源を獲得するための戦略の作成が含まれる。さらに、資源管理戦略には、資源の備蓄、近隣管轄から資源を獲得するための相互扶助協定の形成、重要度の低いタスクから資源の再配置を行うためのアプローチの決定、必要なときにベンダーから資源を迅速に獲得するための契約が含まれる。そして、資源目録を用意することにより、資源の利用可能性を追跡し、組織が必要なときに早急に資源を獲得することが可能になる＊83。

インシデント期間中に関しては、資源管理を6つのタスクに区分している。その中で、インシデント目標を達成するため、戦略および戦術内で示された資源の要件を特定し、発注と獲得、動員、追跡・報告、解除、補償と補充を一連のサイクルとして実施することになる＊84。

相互扶助については、NIMS は事前に協定（Agreement）や協約（Compact）を結ぶよう求めている。これは2つ以上の組織・団体が資源を共有するための法的根拠になるもので、資源共有に伴う法的責任、補償、手続きが規定される。扶助のプロセスは、資源を必要とする管轄からの要請があってから始まり、提供する側が要請を評価する。その後、提供側が資源要請を受諾できると判断した場合、要請した管轄に資源を展開することになる。この相互扶助協定・協約は、州内、州間、連邦組織間、さらに国際的なものまで含まれる。また、コミュニティ、部族政府間、非政府組織、民間セクター間でも結ぶことが期待されている＊85。

2）指揮・調整（NIMS 第3版第3部）

「指揮・調整」は、第3版において大規模な変更が加えられた部分である＊86。この部の中核である ICS と MACS は、その相関性が意識されつつも、第2版までは個別対等に取り扱う構成になっていた。しかし、第3

版からは多組織間調整を規定する MACS が格上げされ、その中に組織内の構造や指揮系統を規定する ICS を配置する形になった。また、ICS と並んで、新たに EOC、MAC グループ、統合情報システム（Joint Information System: JIS）の項目が設置されている。ICS は戦術レベル、EOC は作戦支援レベル、MAC グループは政策レベルでの調整を目的に設計されており、それらを JIS が情報面で支えるという構図になっている。これにより、ICS は MACS を実現するためのツールのひとつという位置づけになったのである。

この改訂は、「NIMS は単なる ICS の全国版」というそれまでの広く定着していたイメージを払拭し、本来の目的である全米規模で多組織間の円滑な連携・調整に改めて着目するようになったことを意味する。かつて、緊急事態管理のツールとして ICS が先行する形で開発・普及する一方、MACS は NIMS に導入されるまで忘れ去れた存在であり、その後も ICS に比して目立たない存在であった。しかし、第3版からは、少なくともシステム上はその関係性が大きく変化したのである。MACS の昇格は、過去の経験や教訓を踏まえ、まさに FIRESCOPE 開発当初の原点、すなわち緊急事態や災害の対応・復旧活動において管轄や専門性の異なる多くの組織が一同に集結した際、その取り組みを効果的かつ効率的に統合するための仕組み作りに立ち返ったことを示すものといえる。

新しい位置づけになった ICS は、戦術レベル、すなわち現場管理用のツールであり、インシデントが発生ないしその恐れがあるときに地方の緊急対処にあたる要員が使用することを想定している。その特性は、第2版を継承しているが、名称は NIMS に適合するように変更されている。現在は、①共通用語、②モジュール組織、③目標による管理、④インシデント・アクション・プランの形成と移管、⑤管理可能な統制範囲、⑥インシデント用の施設とロケーション、⑦包括的な資源管理、⑧統合通信、⑨指揮の形成と移管、⑩統合コマンド、⑪指揮系統と指揮統一、⑫説明責任、⑬派遣／展開、⑭情報およびインテリジェンスの管理、で構成されている＊87。第3版の ICS に関する主な改修点は、統制限界、情報／捜査機能の配置、インシデント・マネジメント・チーム（IMT）とインシデント・マネジメント補佐チーム（IMAT）、ICP である。さらに EOC、MAC グループ、JIS に焦点をあてた説明が追加されている。

ICS の組織構造は5つの主要な機能エリア、すなわち指揮、オペレーション、計画立案、後方支援、財務／行政に基づく各セクションから成り立っている。その中での統制限界は監督者1名に対して最適な部下の数は5名という原則（1：5の原則）が示されている（資料編図3を参照）。インシデント指揮官1名に対して各セクションの長である4名が基本であり、必要に応じて指揮官の下に補佐スタッフ（広報担当官、安全管理官、連絡調整官）が配置されるということになる。ただし、統制限界に関しては、インシデントの状況や EOC の起動に応じて柔軟に変更してよいことが明示されている。インテリジェンス／調査機能の配置については、集中的な情報収集や捜査活動を実施するため、インシデント指揮官および統合コマンドが必要に応じて設置することができる。配置場所は、計画立案セクション、オペレーション・セクション、さらに指揮スタッフの内部はもちろん、インテリジェンス／調査を単体で一般スタッフ・セクションに置くことや複数のセクション内部に置くことも可能である＊88。

EOC に関しては、作戦支援レベル、すなわち現場の ICS 業務に対してオフサイト（現場の外）から支援を行うことが目的であり、インシデントが大規模かつ複雑な場合に起動することになる。第3版からは、EOC の構造およびその起動に係わるレベルについての指針が明示されている。これは全米の EOC リーダーからの意見を踏まえたものであり、EOC に関して共通する機能、組織構造、用語の説明がなされている。EOC は複数の機関のスタッフが集合・調整を行う場所であり、インシデントでの指揮、現場職員、他の EOC に対して支援を提供する。EOC のスタッフを担うチームの目的・権限・構成は多様であるが、EOC を通じて情報の統合や交換、意思決定の支援、資源の調整、現場や他の EOC との連絡を行う＊89。

EOC の組織構造のモデルとしては、① ICS またはその類似型、②インシデント支援モデル型、③部門（省庁／部局）型が提示されていることが大きな特徴である。① ICS またはその類似型は、米国で危機管理に従事する人々になじみがあると共に、現場の組織構造との同一性・類似性が指摘されている。②インシデント支援モデル型は、EOC の取り組みを情報、計画立案、資源支援に集中させるため、計画立案から状況認識セクションを分離させることや、オペレーションおよび後方支援機能を統合することを選択することが可能である。③部門（省庁／部局）型は、日常の部門機関の構造（例：政府機関の省庁や部局など）と業務上の関係性を保持したまま EOC を編成するため、最小の準備作業と時間で活動を開始することができる*90。

EOC の起動に関しては、対応の規模、必要な資源の配布、インシデントに適した調整度合いに応じて3段階の起動レベルが示されている。レベルは3から1の降順になっている。

3）通常オペレーション：インシデント、または特定のリスクないしハザードも特定されていない時で、センターに関する通常の活動を行う。日常的な監視・警戒活動を実施（※センターがこの機能を担っている場合）。

2）部分的オペレーション：特定の EOC チーム・メンバー/組織が起動し、確度の高い脅威、リスク、ハザードを監視するとともに、新規および潜在的に進展するインシデントへの対応を支援する。

1）完全アクティベーション：EOC チームが起動し、そこにはすべての援助機関の要員も含まれる。大規模インシデントまたは確度の高い脅威に対して支援を行う*91。

次に、MACS の実現に関しても、より具体的な記述がなされている。政策・戦略レベルでの多組織間連携を支える MAC グループは、NIMS における現場外のインシデント管理構造の一部であり、インシデントの影響を受けているステークホルダー機関に所属する公選または任命された管理職・上級役員・その被指名人で構成されており、「政策グループ」と呼ばれることもある（※メンバーに NGO の代表者が含まれる場合もある）。このグループでは、ICS や EOC といった各組織に提示する高度な戦略指針を形成するとともに、支援資源の優先度・配分を決定する。その一方で、MAC グループは、インシデントの指揮機能を果たしたり、オペレーションの基本機能や調整を代行したりすることはない。また、組織の派遣を行ったりすることもない*92。

NIMS の指揮・調整における第4の構造として統合情報システム（JIS）がある。JIS は、ICS、EOC、MAC グループの垣根を越えて彼らを情報面から支援することを目的としており、統合情報センター（JIC）で活動することになっている。それを通してインシデント情報と広報を統合し、インシデントのオペレーション中に一般市民やステークホルダーに対してタイムリーかつ適確な情報を提供する。具体的には、組織間メッセージの調整、広報計画や戦略の作成・勧告・実施、広報に関する問題でのインシデント指揮官／統合指揮／ MAC グループ／ EOC ディレクターへの助言、さらに噂や不正確な情報の対処・管理も担うことになる*93。

3）通信・情報システム（NIMS 第3版第4部）

「情報および通信管理」は、第2版と比べて構成自体が大きく変化している。第2版では「コンセプト・原則」、「管理特性」、「組織およびオペレーション」になっていたが、第3版からは「通信管理」、「インシデント情報」、「通信の標準およびフォーマット」になっている。ICT 技術の進化を反映し、情報管理プロセスを大幅に見直している。具体的には、データ収集計画のガイダンスを拡大するとともに、ソーシャルメディアの取り入れ、GIS（地理情報システム）の活用に焦点を当てている。情報管理の原則としては、従来の 1)「相互運用性（Interoperability）」、2)「信頼性（Reliability）」、「拡張性（Scalability）」、「可搬性（Portability）」、3)「強靭性（Resilience）と冗長性（Redundancy）」に加え、4)「セキュリティ（Security）」が追加されている。これは、近年、緊急事態管理で使用する ICT 技術が発展する一方、サイバー攻撃による不正アクセス、さらに情報の漏洩や改ざんなどに対して一層の注意が求められており、その対策の必要性を意識したためである*94。

Ⅲ.「標準化」の意義と課題：日本へのインプリケーション

1．NIMS/ICS に対する学術的評価

2004年に NIMS が導入されてから一定の年月が経過する中、その意義や効果を巡っては専門家の間で議論が積み重ねられてきている。ここでは、米国での先行研究・調査を概観していくことにより、NIMS およびその主たる構成要素の ICS に対するこれまでの評価を整理し、改めて米国での緊急事態管理における標準化について検討していく。

NIMS は、全米規模での緊急事態管理の標準化を実現することを目的に導入された指針であると同時にツールでもあり、米国の国内危機管理・災害対策を象徴する存在のひとつである。DHS/FEMA をはじめ連邦や州レベルの緊急事態管理組織は、NIMS の導入・普及を積極的に推進しており、実務・学術の専門家の多くもその目的や意義を高く評価してきた。特に、緊急事態管理の実務に携わる人々の間でその傾向が見られ、それは平素から指揮統制型システムとそれを前提とした多組織間連携に比較的慣れていることが影響していると指摘されている。彼らとしては、NIMS を通じて緊急事態管理の一層の標準化が進めば、行政上の効率性や実効性の向上が期待できると考えているからである。そのようなこともあり、米国で出版されている緊急事態管理関連の概説書や教科書では NIMS のコンセプトや原則、そしてその主たる構成要素である ICS の特徴を解説する際、総じて肯定的な形で描かれる傾向にある＊95。

これに対して、NIMS/ICS による指揮統制型システムの義務化を巡っては、一部の研究者の間でその効果や適合性を疑問視する声が根強い。代表的なものとして、William L. Waugh, Jr. 等の ICS に関する批判的レビューがある＊96。災害対策に関する研究を行ってきた人々の間では、米国の緊急事態管理が長らく政治的・社会的・文化的な多元性を前提に構築してきたネットワークを重視してきた。そのため、9.11、そしてハリケーン・カトリーナ以降も、連邦政府（特に DHS/FEMA）が NIMS/ICS を通じて指揮統制型のシステムをトップダウンという形で導入したことを問題視してきた。彼らは、ハリケーン・カトリーナなどを事例に、指揮統制型のシステムは、水平的な多組織間連携・調整をベースとしてきた米国の緊急事態管理には馴染まず、かえって災害対応を阻害する要因になっていると評価している＊97。

以上のように、NIMS に関しては専門家の間でその賛否が分かれているが、これに関連して問われるのが NIMS は本当に全米で普及・浸透しているのか、という点である。この点に関して、近年、米国において複数の学術的な調査研究が公表されている。Jessica Jensen 等による郡レベルの緊急事態管理担当者を対象としたインタビューやアンケート調査の分析結果によれば、NIMS が連邦・州レベルや大都市圏の緊急事態管理組織で普及する一方、一部の地方政府組織では必ずしも DHS/FEMA が想定するような形で導入・利用できていないという*98。その背景には、米国の政治システムの分権的性質、地方政府が保有する資源や能力、組織構造・文化の相違、地域特性など様々な要因に起因していることが指摘されている。中でも、Jensen 等が特に着目したのが地方の緊急事態管理職員の NIMS に対する認識や見解といった主観的要素である。実際に現場対応にあたる郡の職員は、全体として NIMS が目指す標準化には好意的な反応を示す一方で、NIMS を導入しようとする意図や実際に想定通りに利用するか否かは、NIMS 導入・適用が自らの管轄内で直面している問題の解決に役立つかどうかという認識、あるいは導入補助などのメリットや未導入に伴うデメリットの可能性に対する考慮、そして NIMS を実現するための十分な能力や育成のために必要な資源があるかといった自己評価に基づく判断が重要なファクターになっているとを指摘されている。そして、自らの所属する地域に NIMS が適合しない、または困難と考えている職員がいる郡では、より適した形にシステムを独自に変更したり、利用範囲を限定したりしていることも明らかになってきている*99。

つまり、先行調査・研究の結果に従えば、導入を義務化しているにもかかわらず、全国規模での緊急事態管理の標準化という NIMS の目標は依然として達成できていないということになる。実際、各政府や組織の規模・能力、ニーズ、財政など緊急事態管理の制度・政策を取り巻く環境は異なる。NIMS はそういった事情も考慮して、その設計指針として「柔軟性」を掲げてきたが、標準化を追求している以上、その許容度は限定されてくる。また、NIMS 導入の不十分さやバリエーションの発生には、当初 NIMS がテロ対策の推進という形で導入されたことも少なからず影響している。多くの地方政府にとっては、身近な存在でもないテロ対策よりも、現実に起こる自然要因によるインシデントの方が優先的な関心事である。それに対して既存の制度・施策で対応できるのであれば、コストを支払って新たな取り組みを敢えて行おうとするインセンティブは低い。NIMS の義務化は、そういった地方レベルの考え方を覆すほどの強制力を伴ってはいないのである。そして、NIMS を巡っては多様な見方が存在し、必ずしも完全なコンセンサスが得られているわけではないということも理解しておく必要がある。このことは、連邦制国家である米国において、たとえ NIMS が安全保障政策の一環だとしても、連邦によるトップダウン形式の施策を地方や民間レベルにまで完全に浸透させることは決して容易でないということを示している。

2．日本における危機管理「標準化」の試み：政策および学術動向

日本において危機管理・災害対策の「標準化」が広く注目されるきっかけになったのは、2011年の東日本大震災である。発災時の深刻な被害により多くの自治体が機能麻痺に陥ると同時に、被害の範囲が複数県をまたぐ広域に及んだことから、国、自治体、さらにボランティアや企業といった民間組織による全国的な支援が実施された。しかし、受援する側と支援する側の間、さらに各組織内部でも非常時に意思決定・調整を行うための体系的なシステムを十分に整備できていなかったため、各地の対応・復旧業務で遅延や混乱が発生した。そこで、東日本震災の教訓を踏まえ、複雑になる災害対応業務の効率化と円滑な多組織間連携を実現するため、2013年に「災害対策標準化検討会議」が設置され、日本でも災害対策標準化の実現に向けた政策方針の検討が行われることになった。計5回の会議を経て、2014年3月に検討会議は「災害対策標準化検討会議報告書」を公表している＊100。その後、2015年に「災害対策標準化推進ワーキンググループ」が改めて設置され、2018年3月までに計5回の会議を開催している＊101。しかし、それ以降、標準化に関して、内閣府防災や政府において一般から確認できるような目立った動きはなく、具体的な政策・計画の形成や法整備に向けた取り組みも依然として見られない。

他方で、標準化に関する学術的議論に関しては一定の知見が積み重ねられてきた。その主たるテーマの一つは、巨大災害時における多組織間での広域連携の実現に向けた課題を析出し、その解決方法を模索することにあった。先駆的な研究としては、災害対応業務のフローチャート分析による標準化を前提とした防災基本計画の見直しについて考察を行ったものがある＊102。さらに、米国における ICS の利活用に着目し、日本の自治体における円滑な組織間連携の在り方を検討した例も見られる＊103。その後、2004年の新潟中越地震や2005年の米国ハリケーン・カトリーナに関する調査研究が行われる中で、自治体における災害対応・復旧業務を標準化する具体的な手法として ICS の適用または応用をめぐる議論が加速することにな

った*104。特に、災害時に錯綜する情報の整理および共有に注目が集まり、システム開発とも連動する形で研究が進められた*105。この段階で、防災・災害対策研究の分野では ICS の存在がある種周知の存在となり、その指揮統制型の組織構造や機能別編成といった特徴や、さらに生い立ちがカリフォルニアの山林火災対策に由来しているなどの基礎的知識が共有されるようになった*106。そして、東日本大震災による自治体機能の喪失や大規模な広域での支援・受援を実施した経験から、議論の方向性は内閣府など政府の取り組みと合わさり、現場レベルに近い自治体を対象とした実践的・技術的志向が強まっている*107。また、標準化のモデルとしては依然として米国の ICS が取り上げられることが多いが*108、ISO（国際標準化規格）の援用も注目されてきた*109。同時に、対象範囲についても、政府や自治体組織の内部たけでなく、自治体間、中央－地方間、さらに官民との間での連携を想定したシステムの形成（手続き、情報規格、組織構造、訓練など）にまで拡大している*110。

このように、日本での標準化、特に ICS 導入・適用に関する学術的知見が蓄積される一方、先行事例である米国の NIMS を正面から詳細に取り扱った調査研究や議論は少ない。基本的には、日本の防災制度・行政を検討する際の事例研究または現地調査関連の中で紹介されることが多く*111、近年では公衆衛生に関する日米の制度比較に関する文献において取り上げられている*112。また、過去には、米国の緊急事態管理に関する計画書等を翻訳した資料集の中で、NIMS 第2版の訳が公表されたことがある*113。とはいえ、邦語資料で最も目にすることが多いのは、Web 検索等を通じて出てくる内閣府防災の審議会等で利用された配付資料である。

そのため、日本においては、NIMS の特徴だけでなく、その制定過程、普及のプロセスや標準化の実現度合いなど体系的な調査分析や議論が十分になされてきたとは言い難い。NIMS は、単に緊急事態管理を一元化するためのツールではなく、国土安全保障法と大統領指令に基づいて形成された政治・行政上の指針でもある以上、本来ならば米国の政治的文脈の中でどのように形成され、そして運用・適用されているのかを明らかにする必要がある。過去には、NIMS による一元的な危機管理システムの形成に至るまでの発展プロセスを、計画策定プロセスの統合と行動原則の統合というそれぞれの視点から分析した研究がある*114。また、米国の政治・

安全保障の文脈から、NIMS を含め連邦政府が NIMS などを通じてトップダウンにより準備制度を形成してきた背景や、その意義と課題について論じたものもある*115。しかし、そういった政治・行政、あるいは法的視点から NIMS を対象として扱った研究は極めて稀である。もとより、日本の研究状況として、NIMS に限らず、米国の緊急事態管理制度そのものに関して政治・行政・法律いずれの観点からも体系的かつ詳細に取り組んだ研究や議論は少ないというのが実状である*116。

以上の動向から明らかなように、日本の標準化をめぐる議論は ICS の活用や応用に関する議論が目立つ。このことは、日本における学術的関心が、自治体や企業の組織・手続きに実際に適用できるか否かという実践的・実務的な視点に基づいていることを示唆している。その反面、ICS の形成や発展プロセスに関する研究は極めて少ない。しかも、ICS を全米に適用するためのガイダンス書である NIMS についても、その形成過程や変遷に関して詳細な調査分析や議論が十分に行われてきたとは言い難い。このことは、日本の危機管理・防災行政の視点から NIMS を具体的かつ詳細なマニュアルと誤解して援用しようとするなど、日本の標準化に関する政策的議論に少なからず影響を及ぼしている。

3．「標準化」の意義の再考

ここまで、米国の NIMS を通じた緊急事態管理の「標準化」、そして日本における防災・災害対策の「標準化」の試みについて概観してきた。「はじめに」や解説編の序盤でも指摘しているように、緊急事態管理（EM）と総称されている米国の国内危機管理・災害対策は、日本の防災・災害対策とは生い立ちや背景、そして発展プロセスが大きく異なる。それを踏まえた上で、最後に、比較制度の観点から、日本が目指すべき国内危機管理・災害対策の「標準化」の意義と方向性について検討していく。

米国の緊急事態管理は、連邦制を前提として、地方から連邦の各レベルに位置する政府間の水平的・垂直的な調整関係によって成り立っている。連邦政府による本格的な国家制度の整備は第二次世界大戦後以降のことであり、当初はハザード別の制度設計（自然災害時の援助と戦時を想定した準備態勢の整備）を進めたが、70年代後半から All-hazards Approach を採用し始め、90年代から2000年代の複数の大きな改革を経て能力・機能ベースの一元的なシステムを漸進的に整備してきた。米国の制度・政策は、歴史的に安全保障との関係が深く、全米規模の体制整備は民間防衛（CD）に始まり、その後は「国家準備」に名称を変え、その取り組みは2002年以降、現在の「国土安全保障」に組み込まれている。危機管理の標準化の起源は、70年代のカリフォルニア州内での地域レベルの林野火災対策の統合を目指した FIRESCOPE/ICS に起源があり、その後消防分野を中心に普及したものであるが、80年代には NIIMS に象徴されるように国家レベルの政策にも取り入れられている。それが同時多発テロを契機に、国家のレジリエンス強化を目的とした NIMS の形成・普及という国土安全保障政策のひとつとして推進されるようになったのである。それは、単に地方レベルで自然災害対策に従事する人々の取り組みを統合するだけでなく、テロ対策で治安維持や捜査活動を行う法執行機関、さらに民間当局の支援に当たっている軍事組織との効率的かつ効果的な調整までに視野に入れたものになっている。米国の緊急事態管理も、今日では自然災害対策に対するニーズの高まりを受けて制度の見直しや政策変更が行われているが、国土安全保障制度の一部であるという特徴に変化は見られない。

一方、日本の国内危機管理は、地方自治体を主体とする「防災」・「災害対策」を中心に発展してきたが、法制度や政府間関係を含め、その実態は極めて複雑である。法制度に関しては自然災害を想定した災害対策基本法（1961年）、武力攻撃事態やテロ等の重大緊急事態を想定した国民保護法（2004年）、感染症蔓延を想定した感染症法（1998年）や新型インフルエンザ等対策特別措置法（2012年）などハザード毎に法律が用意され、所管官庁が政策形成や行政を行う。All-hazards を想定しているのは、政府で初動対応にあたる内閣官房のみである。また、大規模災害に直面する度に、必要に応じて特措法、関連法、政令等の形成・改廃を逐次行ってきたため、ハザード毎、さらに予防、対応、復旧・復興のフェーズ毎に参照すべき法令が数多く存在する。政府間関係に関しては、災害対策基本法上は、基礎自治体を主体に設定しているため分権的性質が見られる。実際、災害時の対応・復旧に関して、地方自治体への依存度は極めて高い。ところが、日本の法制度および行政制度上、自治体の取り組みに関して、政府は法令や計画等により相当程度コントロールすることが可能である。例えば、防災計画に関しては、法律上、上位機関の計画内容に準拠する必要性と報告が義務化されている。その結果、日本国内で形成される防災計画は、各自治体の地域特性や組織形態などに関する一部の記述を除けば、その類似性が高い＊117。つまり、日本の防災／災害対策は、少なくとも表面的には一定レベルの標準化を達成できているといえる。このように、日本の防災・災害対策は、法制度・政策的には分立的な要素が強く、中央―地方関係では非常時の分権的要素と平時の集権的要素が絡み合っているのである。

このように複雑な形でこれまで維持できたのは、日本で直面してきた災害が基本的には局地的問題であり、長らく国家規模の体制を見直す、少なくとも中央政府を突き動かすほどのレベルのものに直面することがなかったからであろう。2011年の東日本大震災は既存体制を大幅に見直す理由としては十分なインパクトを持っていたが、その後、法制度や機構など体制面で構造的変化は見られない。

この日米における制度発展プロセスと現在の立ち位置の違いを理解した上で、改めて国内危機管理の「標準化」の意義と目指すべき方向性を再検討する必要がある。

標準化を行うのは、インシデントや災害の対応・復旧業務に従事するすべての組織や人々が準拠すべきルールや仕組みを定め、それにより非常時でも効率的かつ円滑な組織間連携（水平・垂直）を可能にするためである。戦後長らく、日本の災害対策は、地域事情に精通し、住民に身近なサービスを提供できる基礎自治体が機能することを前提として制度設計がなされてきた。そのため、法令遵守や防災計画の策定といったことを除けば、災害対策は事実上、各自治体に委ねられ、独自の取り組みが分立することも許容され、特にそのことは国や専門家により奨励もされてきた。しかし、2011年の東日本大震災と福島第一原発の事故による大規模な広域避難や一部自治体の機能の喪失という経験から、従来の制度前提がもはや通用しないことが浮き彫りになった。しかも、近年、国内で発生する災害の頻度は増加し、その被害の広域化・深刻化、さらに長期化の傾向も見られる。また、南海トラフ地震や首都直下地震などの大規模災害も現実的脅威として懸念されている。これらを鑑みると、全国規模での展開を想定した地方自治体間、中央―地方間の水平的・垂直的な調整・連携システムが必要となっている。

また、日本が危機管理上、直面している脅威は自然要因によるものに止まらない。交通、電力、水道、流通、金融など重要社会インフラのネットワーク化が進む中、偶発的な技術事故はもちろん、人為的なサイバー攻撃が重要インフラや経済・社会活動にもたらす影響・被害に対する危惧が日増しに高まっている。さらに、忘れられがちではあるが、日本を取り巻く安全保障環境は年々厳しさを増しており、有事の際に国民保護の仕組みが実際に機能するのかどうかも懸案になっている。そして、2020年から続く新型コロナウィルスの対応は、日本の危機管理行政の特徴、すなわち中央政府の危機管理における縦割り行政という分立的性質と、自治体依存に象徴される中央－地方関係の分権的性質がもたらす弊害を如実に示す結果となった。

これらの脅威やリスクを抱える中で、危機管理に割くことができる行政上のリソースは限られており、中長期的にはその減少が不可避となっている。不足した資源を補い、行政ニーズを満たしていくためには、近隣自治体や地元企業、あるいは県からの応援が想定されるが、被害が広範囲かつ大規模化すれば彼ら自身も被災しているため、全国からの支援を受け入れることを想定しておく必要がある。しかも、それを非常時という特殊な環境の中で実施しようとすれば、調整・連携を実施する主体間で組織・用語・手続きなどを相当高度なレベルで規格化し、それに基づき平素から訓練・演習による人材育成、あるいは日常業務に組み込んで運用するといった制度的措置が必要となる。標準化は全国規模で一律に進まない限りその効果を発揮しない以上、もはや自治体レベルの取り組みに依存し続けるには限界がある。従って、制度整備という点に関しては、これまで以上に国による主導的役割が求められている。

そこで、問題となるのが、日本における標準化の取り組みが「防災」という限られた分野、すなわちハザード特化型の取り組みの中で志向されてきた点にある。日本の防災・災害対策行政は、先述の通り、災害対策基本法およびそれに基づく防災計画の体系を通じて、表面上は中央から地方に至るまで一定の標準化を達成している。ゆえに、現在の標準化の議論は、制度設計全体の見直しというよりも、これまでの経験を踏まえ、細目の技術的な見直しを中心に議論が行われている。しかし、災害を引き起こす要因が多様化すると同時に、その対策に割くことができる資源が限られる中、米欧を中心に実践されてきた能力・機能に焦点を当てる All-hazards Approach の導入に関して、法改正を含め真剣に検討すべき時期に来ている。米国の NIMS など海外で先行する危機管理の標準化は、本来その実現を助けるために考案されたものである。現在の日本が直面している状況と将来のリスクを見据えれば、いまから高い汎用性を備えた危機管理ツールの開発を進めなければ、いざというときに活用することはできない。しかも、一過性の政策ではなく、恒久的な制度として定着を図るためには、現行の法律や行政制度との整合性を考慮しつつも、最終的には法制度やその設計思想の抜本的な見直しが求められる。この取り組みには、従来の自然災害分野だけでなく、公衆衛生や安全保障などこれまで別領域と見なされてきた他分野の専門性や知見も不可欠であり、分野横断的な議論が必要となる。

日本の危機管理制度は、60年以上前の災害対策基本法がベースとなっている。東日本大震災、そして新型コロナウィルス感染症という「国難」を経験した今日、「防災」の名の下で整備されてきた仕組みは制度疲労を起こし、限界を迎えている。しかも、「縮小」時代に突入した日本は、人口減少と慢性的な財政悪化、地域の過疎化など深刻な課題に直面しており、従来の複雑かつ分立的な危機管理制度を維持することが難しくなることが予想される。そのような状況を見据え、今後も持続可能な制度を目指していくには、ハザード由来の「防災」・「災害対策」から脱却し、All-hazards Approach に基づく包括的な「緊急事態管理」あるいは「国内危機管理」へのステップ・アップを目指さなければならない。この見地に立つとき初めて、米国の NIMS を通じた標準化、そして緊急事態管理に関する制度・政策は先行事例として我々に有用な知見を提供してくれるであろう。

註

＊1 6 U.S. Code [U.S.C.] §701 (7).

＊2 新村 出（編）『広辞苑』第6版、岩波書店、2008年、798頁。

＊3『(オンライン版) ロングマン現代英英辞典』、Pearson 社［https://www.ldoceLonline.com/jp/dictionary/emergency］（最終確認：2021年12月21日）。

＊4 第二次世界大戦後の国内危機管理と民間防衛の制度形成に関しては、以下の

文献を参照のこと。Henry B. Hogue & Keith Bea, *Federal Emergency Management and Homeland Security Organization: Historical Developments and Legislative Options*, CRS Report RL33369, Washington, D.C.: Congressional Research Service (CRS), June 1, 2006; Homeland Security National Preparedness Task Force, Department of Homeland Security (DHS), *Civil Defense and Homeland Security: A Short History of National Preparedness Efforts*, Washington, D.C.: DHS, September 2006.

＊5 詳細は伊藤潤「米国の国内危機管理における All-Hazards アプローチ：安全保障プログラムと災害対策を巡る葛藤」『論究 日本の危機管理体制：国民保護と防災をめぐる葛藤』（武田康裕編著、芙蓉書房出版、2020年）、55～78頁を参照のこと。

＊6 National Governors' Association (NGA), 1978 *Emergency Preparedness Project: Final Report*, GPO, 1979, p. i.

＊7 PRP, "Reorganization of Federal Emergency Preparedness and Response Programs," March 1978, RG311, entry UD-UP13, box 3, The National Archives and Records Administration (NARA); Memo for Wellford, June 9, 1978, "#3 of 1978," RG51, entry A1-265: Records Relating to the Federal Emergency Management Administration Task Force, 1977-1979, box 2, NARA. 併せて伊藤潤「FEMA（連邦緊急事態管理庁）の創設：米国の All-Hazards コンセプトに基づく危機管理組織再編」『国際安全保障』第45巻第1号、2017年6月、87頁を参照のこと。

＊8 1995年度国防権限法（National Defense Authorization Act [NDAA] for FY 1995）により民間防衛法は廃止され、一部の規定はスタフォード法に統合された（伊藤潤「米国の国内危機管理における All-Hazards アプローチ」、65頁）。

＊9 "Civil Defense Logo Dies at 67, and Some Mourn Its Passing," *New York Times*, December 1, 2006.

＊10 "Lava flow testing new disaster law." Hawaii Tribune-Herald, November 2, 2014; Hawaii State Legislature, ACT 111 "An Act Relating to Emergency Management", June 6, 2014, Sec. 2.

＊11 6 U.S.C. § 314 (b).

＊12 All-hazards コンセプトの登場は1979年の FEMA 創設の原動力になった。詳細は、伊藤潤「FEMA（連邦緊急事態管理庁）の創設：米国の All-hazards コンセプトに基づく危機管理組織再編」『国際安全保障』第45巻第1号、2017年6月、79～96頁を参照。

＊13 Department of Homeland Security (DHS), *National Preparedness Goal,*

2nd ed., September 2015, A-1.
＊14 6 U.S.C. § 314 (b).
＊15 *Constitution of the United States*, Amendment X.
＊16 Richard Sylves, *Disaster Policy and Politics*, 3rd ed., Washington, D.C.: CQ Press, 2019, pp. 220-221 & p. 416.
＊17 Sylves, *Disaster and Politics*. 3rd ed., p. 249 & p. 269.
＊18 FEMA の組織に関する情報を提供している代表的な日本語文献としては以下のものがある。村上「米国・緊急事態管理庁の組織再編とその影響」『先端社会研究』第5号、101～152頁。岡本光章「米国連邦緊急事態管理庁（FEMA）と我が国防災体制の比較論」『レファレンス』No.736、2012年5月、3～19頁。土屋恵司「アメリカ合衆国の連邦緊急事態管理庁 FEMA の機構再編」『外国の立法』No.232、2007年6月、2～33頁。富井幸雄「アメリカ憲法と大災害」『比較憲法学研究』第24号、2012年、1～29頁。末次俊之「『米国連邦緊急事態管理庁』の概要と活動」『海外事情』第61号（7･8）、2013年7月、96～115頁。また、FEMA 創設の詳細に関しては、伊藤潤「FEMA（連邦緊急事態管理庁）の創設」2017年を参照のこと。
＊19 スタフォード法に関する詳細な情報を提供している日本語文献としては、井樋三枝子「アメリカの連邦における災害対策法制」『外国の立法』No.251、2012年3月。富井「アメリカ憲法と大災害」、2012年、8～10、12～13、17、18～21頁 。
＊20 42 U.S.C. 5121(b); Robert T. *Stafford Disaster Relief and Emergency Assistance Act* (Stafford Act), Sec. 101（in FEMA, *Stafford Act, as Amended, and Related Authorities*, May 2019, p.1）.
＊21 同時期に、緊急時における国家準備体制を整備するため民間防衛法（Civil Defense Act of 1950）や国防生産法（Defense Production Act of 1950）も制定されている。
＊22 42 U.S.C. 5122(2); P. L. 100-707, November 23, 1988, Sec.103 (c), 102 STAT. 4689-4690.
＊23 42 U.S.C. 5122(1); P. L. 100-707, Sec.103 (b), 102 STAT. 4689. 1974年災害救助法では、「大規模災害」および「緊急事態」のいずれの規定においても「合衆国内のハリケーン、竜巻、暴風雨、高潮、波浪、高波、津波、地震、火山噴火、地すべり、土石流、吹雪、干ばつ、火事、爆発」というように、特定の自然災害を列挙する形になっていた（P. L. 93-288 (May 22, 1974), Sec.102 (1) & (2), 88 STAT. 144）。
＊24 Jared T. Brown and Bruce R. Lindsay, *Congressional Primer on Responding to and Recovering from Major Disasters and Emergencies*, CRS

Report R41981, Washington, D.C.: CRS, June 2020, pp. 8-10.

＊25 Brown and Lindsay, *Congressional Primer on Responding to and Recovering from Major Disasters and Emergencies*, pp. 6-8.

＊26 Erica A. Lee, Elizabeth M. Webster, Bruce R. Lindsay, *The Stafford Act Emergency Declaration for COVID-19*, CRS Insight, IN11251, Washington, D.C.: CRS, March 13, 2020, p. 1.

＊27 42 U.S.C. 5131: *Stafford Act*, Sec. 201(a).

＊28 42 U.S.C. 5131: *Stafford Act*, Sec. 201~204.

＊29 42 U.S.C. 5195b: *Stafford Act*, Sec. 603.

＊30 42 U.S.C. 5196: *Stafford Act*, Sec. 611(b).

＊31 国土安全保障に関する定義に関しては、米国においてもいまだ完全に確定していない。詳細については、以下の文献を参照のこと。Shawn Reese, *Defining Homeland Security: Analysis and Congressional Considerations*, CRS Report, R42462, January 8, 2013; Christopher Bellavita, "Changing Homeland Security: What Is Homeland Security?" *Homeland Security Affairs*, Vol. 4, No.2, June 2008, pp. 1-30. なお、日本語文献としては、富井幸雄「国土安全保障の概念―法的考察―」『法学会雑誌』第58巻第2号、2018年1月、77～117頁や伊藤潤「国土安全保障」『現代地政学事典』(丸善出版、2020年)、582～583頁がある。

＊32 当時､テロ対策において FBI や当該地域の法執行機関が担当する法執行および予防措置は｢危機管理（Crisis Management）｣と呼ばれ､｢結果（被害）管理（Consequence Management）｣と区分されていた。

＊33 国土安全保障法の制定とその後の DHS の組織改革に関しては、DHS History Office, *Brief Documentary History of the Department of Homeland Security 2001-2008*, Washington, D.C.: DHS, 2008 を参照のこと。また、国土安全保障法に関する初期の詳細な情報を提供している日本語文献としては土屋恵司「米国における2002年国土安全保障法の制定」『外国の立法』第222号、2004年11月、1～60頁がある。

＊34 FEMA 以外の DHS に移管された組織の詳細については、DHS, *Who Joined DHS*, September 15, 2015［https://www.dhs.gov/who-joined-dhs］(最終アクセス: 2021年9月4日) を参照のこと。

＊35 Sylves, *Disaster Policy and Politics*, p. 120.

＊36 Title V “Emergency Preparedness and Response” in *Homeland Security Act of 2002*, P. L. 107-296, November 25, 2002.

＊37 *Post-Katrina Emergency Management Reform Act [PKEMRA] of 2006* (in Title VI, *Department of Homeland Security Appropriations Act of 2007*, P. L. 109-295, October 4, 2006. ポスト・カトリーナ緊急事態管理改革法に関する詳細な情報を提供している日本語文献としては、土屋「アメリカ合衆国の連邦緊急事態管理庁 FEMA の機構再編」、2007年がある。

＊38 6 U.S.C. 313(c); *PKEMRA,* Sec. 611, 120 STAT. 1397-1398.

＊39 6 U.S.C. 313(b); *PKEMRA*, Sec. 611, 120 STAT. 1396.

＊40 6 U.S.C. 313(b); *PKEMRA*, Sec. 611, 120 STAT. 1396-1397.

＊41 6 U.S.C. 314（a）; *Homeland Security Act of 2002*, Sec. 502, 116 STAT. 2212-2213.

＊42 当時、FRP 以外の関連文書として多組織間国内テロ作戦計画コンセプト（Interagency Domestic Terrorism Concept of Operations Plan : CONPLAN)、放射能対応計画（Radiological Response Plan)、国家緊急時対応計画（National Contingency Plan)、Distant Shores 計画［大量難民対策］があった（詳細は Keith Bea, *Overview of Components of the National Response Plan and Selected Issues*, CRS Report RS21697, Washington, D.C.: CRS, August 2, 2004 を参照)。

＊43 White House, *Homeland Security Presidential Directive 5 (HSPD-5): Management of Domestic Incidents*, February 28, 2003, Sec. 16; DHS, *National Response Plan*, Washington, D.C., December 2004.

＊44 White House, *Homeland Security Presidential Directive 8 (HSPD-8): National Preparedness*, December 17, 2003, Sec. 5.

＊45 White House, *HSPD-8: National Preparedness*, 2003, Sec. 11, 14, 17, 18 &22.

＊46 White House, *Presidential Policy Directive 8 (PPD-8): National Preparedness*, March 30, 2011.

＊47 DHS, *National Preparedness Goal*, 2nd ed., September 2015, p. 1.

＊48 DHS, *The Strategic National Risk Assessment in Support of PPD 8: A Comprehensive Risk-Based Approach toward a Secure and Resilient Nation*, December 2011, pp. 2-4.

＊49 Shawn Reese and Lauren R. Stienstra, *National Preparedness: A Summary and Select Issues*, CRS Report R46696, Washington, D.C.: CRS, February 26, 2021, pp. 2-3; DHS, *National Preparedness System*, November 2011, pp. 1-6.

＊50 DHS, *Threat and Hazard Identification and Risk Assessment (THIRA)* Guide: Comprehensive Preparedness Guide (CPG) 201, 2nd ed., August 2013.

＊51 Reese and Stienstra, *National Preparedness: A Summary and Select Issues*, 2021, p. 4.
＊52 DHS, *Threat and Hazard Identification and Risk Assessment (THIRA) and Stakeholder Preparedness Review (SPR) Guide: Comprehensive Preparedness Guide (CPG) 201*, 3rd ed., Washington, D.C., May 2018.
＊53 Reese and Stienstra, *National Preparedness: A Summary and Select Issues*, 2021, pp. 8-13; DHS, *National Planning System*, February 2016; DHS, *National Response Framework (NRF)*, 3rd ed., June 2016, pp.48-51. 以下同文献を NRF 2016 と表記。
＊54 DHS, *National Prevention Framework*, 2nd ed., June 2016.
＊55 DHS, *National Protection Framework*, 2nd ed., June 2016.
＊56 DHS, *National Mitigation Framework*, 2nd ed., June 2016
＊57 DHS, *NRF 2016*, pp. 33-38.
＊58 DHS, *National Disaster Recovery Framework (NDRF)*, 2nd ed., June 2016.
＊59 DHS, *Overview of the Federal Interagency Operational Plans,* August 2016; DHS, *Response Federal Interagency Operational Plan*, 2nd ed., August 2016.
＊60 Reese and Stienstra, *National Preparedness: A Summary and Select Issues*, 2021, p. 13.
＊61 この文書は2010年11月に初版が発行され、2021年9月に最新版が出ている。FEMA, *Comprehensive Preparedness Guide (CPG) 101: Developing and Maintaining Emergency Operations Plans*, September 2021,
＊62 DHS, *THIRA: CPG 201*, 2nd ed., August 2013.
＊63 FEMA, *Considerations for Fusion Center and Emergency Operations Center Coordination: Comprehensive Preparedness Guide (CPG) 502*, September May 2010.
＊64 DHS, *Homeland Security Exercise and Evaluation Program (HSEEP)*, January 2020.
＊65 2018年度は中部大西洋沿岸地域のハリケーンを想定した演習を実施しており、2020年はサイバーセキュリティを想定したものを実施する予定であったがCOVID-19 の影響で中止している。2022年には、カスケードの沈み込み帯における大規模地震を想定した訓練を実施する予定になっている（※2016年にも同様の想定で実施）[Reese and Stienstra, *National Preparedness: A Summary and Select Issues*, 2021, pp. 14-15]。

＊66 Reese and Stienstra, *National Preparedness: A Summary and Select Issues*, 2021, p. 15.

＊67 ICSの歴史的発展に関しては以下の代表的な文献がある。Kimberly S. Stambler and Joseph A. Barbera, "Engineering the Incident Command and Multiagency Coordination Systems," *Journal of Homeland Security and Emergency Management*, Vol. 8 (1), 2011, pp. 1-27.

＊68 Stambler and Barbera, "Engineering the Incident Command and Multiagency Coordination Systems," 2011, p. 8.

＊69 Stambler and Barbera, "Engineering the Incident Command and Multiagency Coordination Systems," 2011, pp. 4-6.

＊70 Stambler and Barbera, "Engineering the Incident Command and Multiagency Coordination Systems," 2011, pp. 10-12.

＊71 Stambler and Barbera, "Engineering the Incident Command and Multiagency Coordination Systems," 2011, p. 16 & p. 19.

＊72 Stambler and Barbera, "Engineering the Incident Command and Multiagency Coordination Systems," 2011, p. 16 & pp. 19-21.

＊73 Stambler and Barbera, "Engineering the Incident Command and Multiagency Coordination Systems," 2011, pp. 20-21.

＊74 The White House, *HSPD-5*, 2003, Sec. 3.

＊75 The White House, *HSPD-5*, 2003, Sec. 15 & Sec. 16.

＊76 The White House, *HSPD-5*, 2003, Sec. 18 & Sec. 20.

＊77 FEMA, *NIMS （2017）*, p. 1.

＊78 FEMA, *NIMS （2017）*, pp. 1-2.

＊79 FEMA, *NIMS （2017）*, p. 3.

＊80 FEMA, *NIMS （2017）*, pp. 6-18.

＊81 FEMA, *NIMS （2017）*, pp. 6-7;. FEMA, *Resource Typing Library Tool* [https://rtlt.preptoolkit.fema.gov/Public]（最終アクセス：2021年9月4日）.

＊82 FEMA, *NIMS （2017）*, pp. 7-8.

＊83 FEMA, *NIMS （2017）*, pp. 8-11.

＊84 FEMA, *NIMS （2017）*, pp. 12-16.

＊85 FEMA, *NIMS （2017）*, pp.17-18.

＊86 FEMA, *NIMS （2017）*, pp. 19-49.

＊87 FEMA, *NIMS （2017）*, p. 20.

＊88 FEMA, *NIMS （2017）*, pp. 24-34.

＊89 FEMA, *NIMS （2017）*, pp. 35-39.

＊90 FEMA, *NIMS* *(2017)*, pp. 40-41.
＊91 FEMA, *NIMS* *(2017)*, pp. 38-39.
＊92 FEMA, *NIMS* *(2017)*, pp. 40-41.
＊93 FEMA, *NIMS* *(2017)*, pp. 42-46.
＊94 FEMA, *NIMS* *(2017)*, pp. 50-59.
＊95 Jessica Jensen and William L. Waugh Jr, "The United States' Experience with the Incident Command System:What We Think We Know and What We Need to Know More About," *Journal of Contingencies and Crisis Management*, Vol. 22 No. 1, March 2014, p. 7.
＊96 William L. Waugh Jr., "Mechanisms for Collaboration in Emergency Management: ICS, NIMS, and the Problem with Command and Control," in Rosemary O'Leary and Lisa Blomgren Bingham, *The Collaborative Public Manager*, Washington, D.C.: George Washington University Press, 2009, pp. 157-175; William L. Waugh Jr. and Gregory Streib, "Collaboration and Leadership for Effective Emergency Management," *Public Administration Review*, Vol. 66, December 2006, pp. 131-140.それ以外にも、Dick A. Buck, Joseph E. Trainor and Benigno E. Aguirre "A Critical Evaluation of the Incident Command System and NIMS," *Journal of Homeland Security and Emergency Management*: Vol. 3 (3), Article 1, pp. 1-27.
＊97 Jensen and Waugh, "The United States' Experience with the Incident Command System," pp. 7-8; William L. Waugh Jr, "The Political Costs of Failure in the Katrina and Rita Disasters," *The Annals of the American* Academy of Political and Social Science, Vol. 604, No. 1, March 2006, pp. 10-25.
＊98 Jessica Jensen "NIMS in Action: A Case Study of the System's Use and Utility," Quick Response Report, Natural Hazards Center, August 2008; "NIMS in Rural America," *International Journal of Mass Emergencies and Disasters*, Vol. 27, No. 3, November 2009, pp. 218?249; "The Current NIMS Implementation Behavior of United States Counties," *Journal of Homeland Security and Emergency Management*, Vol. 8, Issue 1, 2011, pp. 1-25; Jessica Jensen and George Youngs "Explaining Implementation Behaviour of the National Incident Management System (NIMS)," *Disasters*, 2014, 39 (2), pp. 362-388； Jessica Jensen and William L. Waugh, Jr., "The United States' Experience with the Incident Command System: What We Think We Know and What We Need to Know More About," Journal of Contingencies

and Crisis Management, Vol. 22 No. 1, March 2014, pp. 5-17.

＊99 Jensen and Youngs "Explaining Implementation Behaviour of the National Incident Management System (NIMS)," p. 378.

＊100 災害対策標準化検討会議「災害対策標準化検討会議報告書」、内閣府防災、2014年3月
［http://www.bousai.go.jp/kaigirep/kentokai/kentokaigi/pdf/report.pdf］（最終アクセス：2021年9月4日）。

＊101 内閣府防災「災害対策標準化推進ワーキンググループ」
［http://www.bousai.go.jp/kaigirep/wg/saigaitaisaku/index.html］（最終アクセス：2021年9月4日）

＊102 先駆的な研究として岩佐佑一、林春男、近藤民代「災害対応業務標準化に向けた『防災基本計画』の業務分析」『地域安産学会論文集』No.5、2003年11月、193〜202頁があげられる。

＊103 野田隆「災害時における組織間調整のあり方」『人間文化研究科年報』第19号、381〜389頁。野田隆「日本型 ICS 方向性をめぐって―自治体職員アンケートを手がかりに」『人間文化研究科年報』第20号、2005年3月、359〜369頁。

＊104 今井健二、北野哲人、内海秀明、田仲正明「災害対応の標準化に向けた日本版ICS Formsの検討」『地域安全学会論文集』、No.7、2005年、63〜70頁。近藤民代、越山健治、林春男、福留邦洋、河田恵昭「新潟中越地震における県災害対策本部のマネジメントと状況認識の統一に関する研究：『目標による管理』の視点からの分析」『地域安全学会論文集』No.8、2006年11月、183〜190頁。林春男「日本社会に適した危機管理システム基盤構築」『消防防災』第20号、2007年、2〜11頁。近藤民代・永松伸吾「米国の地方政府における Incident Command System の運用実態：ハリケーン・カトリーナ災害に着目して」『地域安全学会論文集』 No.9、2007年11月、253〜260頁。

＊105 東田光裕、牧紀男、林春男、元谷豊「標準的な危機管理体制に基づく危機管理センターと情報処理の在り方：自治体における危機管理センターと情報処理の現状分析」『地域安全学会論文集』No.7、2005年11月、71〜78頁。井ノ口宗成、林春男、浦川豪、佐藤翔輔「Incident Command System に照らしたわが国の災害対応における情報処理過程の分析評価：2004年新潟県中越地震災害の小千谷市災害対策本部の活動を事例として」『地域安全学会論文集』No.7、2005年11月、103〜112頁。東田光裕、牧紀男、林春男「ICS の枠組みに基づく効果的な危機対応を可能とする情報過程（インテリジェンス・サイクル）のあり方：神戸市の防災対応マニュアルの分析から」『地域安全学会論文集』No.8、2006年11月、191〜196頁。近藤伸也、近藤民代、永松伸吾『米国ハリケーン・カト

リーナ災害において地方政府の災害対応を支援した情報システム』『地域安全学会論文集』No.9、2007年11月、95～101頁。東田光裕「危機対応システム（ICS）と情報過程」『減災』Vol.4、2010年3月、12～17頁。

*106 当時 ICS を詳細に解説した文献としては以下の文献をあげることができる。自治体国際化協会ニューヨーク事務所「米国における災害対策：地方政府内外での行政機関の連携」『CLAIR Report』2006年7月、3～9頁。林春男、牧紀男、田村圭子、井ノ口宗成『組織の危機管理入門：リスクにどう立ち向かえばいいのか』（丸善株式会社、2008年）、96～117頁。

*107 近年の研究としては以下の文献が挙げられる：永田尚三、奥見文、坂本真理、佐々木健人、寅屋敷哲也、根来方子「地方公共団体の防災・危機管理体制の標準化についての研究」『社会安全学研究』第2号、2012年3月、89～107頁。

*108 永田高志、日本医師会『緊急時総合調整システム Incident Command System(ICS)基本ガイドブック：あらゆる緊急事態(All hazard)に対応するために』日本医師会、2014年。

*109 林春男、危機対応標準化研究会編著『世界に通じる危機対応：ISO 22320:2011（JIS Q 22320:2013）社会セキュリティ-緊急事態管理-危機対応に関する要求事項解説』、日本規格協会、2014年。

*110 米国を参考に検討した最新の研究としては以下のものがある。阪本真由美「災害対応における組織間連携システムについて：米国の組織間連携の取り組みに基づく考察」『災害復興研究』第8号、2016年、39～51頁。

*111 永松伸吾「米国の地方行政の特色と標準的危機対応システム」『DRI 調査研究レポート』No.13、2006年、19～24頁。永松伸吾「米国行政の災害対応システムの批判的検討：カトリーナ災害を題材として」『DRI 調査研究レポート』No.16、2007、17～24頁。牧紀男「災害発生時における危機対応システム：米国の事例に学ぶ」『海外社会保障研究』No.188、2014年、4～14頁。永松伸吾「米国の防災・危機管理行政をどう理解するか」『防災科学技術研究資料』第459号、2021年2月、1～9頁。宇田川真之「米国の災害対応における被災自治体・現場等における組織編成と計画立案手順」『防災科学技術研究資料』第459号、2021年2月、11～18頁。

*112 平川幸子「日本と米国の公衆衛生緊急事態対応の比較分析」『公共政策志林』第6号、2018年3月、239～240頁。

*113 運上茂樹　「米国の災害対応・危機管理に関する調査－国家準備のためのフレームワーク」、土木研究所資料第4289号、独立行政法人土木研究所構造物メンテナンス研究センター、2014年8月。NIMS 第2版に加え、2014年までに公表された国家準備、準備目標、準備システム、予防・防護・軽減・対応・復旧の各

種フレームワークの翻訳が掲載されている。

＊114 川島佑介「米国における危機管理の一元化への歩み」『防衛学研究』第56号、2017年3月、57～74頁。

＊115 伊藤潤「米国の国内危機管理における All-Hazards アプローチ：安全保障プログラムと災害対策をめぐる葛藤」『論究 日本の危機管理体制：国民保護と防災行政をめぐる葛藤』（芙蓉書房出版、2020年）、55～78頁がある。

＊116 数少ない例として以下の文献があげられる。富井幸雄「アメリカ憲法と大災害」、2012年。待鳥聡史「大規模災害と意思決定構造：アメリカ連邦緊急事態管理庁（FEMA）の役割から考える」『災害時における広域連携支援の考察』ひょうご震災記念21世紀研究機構研究調査報告書、2016年3月、113～125頁。

＊117 詳細は、伊藤潤・川島佑介「自治体間連携からみる地域防災計画」『名古屋大学法政論集』第259号、2014年12月、27～54頁。

【特別寄稿】

日本の災害対策・危機管理標準化の参考にすべき米国NIMSの全体像

武田　文男

政策研究大学院大学防災・危機管理コース ディレクター

福島学院大学 副学長

日本の災害対策の基礎をなす災害対策基本法の制定から60年、また東日本大震災の発生から11年が経過する。その間、災害対策基本法の大幅改正や国土強靭化基本法の制定など法制度の見直しが進められ、わが国の災害対策・危機管理体制の強化が図られてきた。それと同時に、東日本大震災の教訓等から、国、地方公共団体、指定公共機関、NPO・NGO、企業、自主防災組織等の連携・協力の円滑化や効果的・効率的な活動の実施を実現するために「災害対策の標準化」が求められてきた。大規模かつ広域の災害において迅速かつ的確な対応を可能にするためには、災害対策に携わる関係機関・組織の手続きや実務に統一性や共通性を確保する必要がある。これまでに、災害対策標準化検討会議や災害対策標準化推進ワーキンググループなどを中心として、災害対策体制の構築や対応業務に関する基準・ルール作りについて検討が行われてきたが、政策的に大きな動きは見られず、わが国の取り組みはいまだ道半ばの状態となっている。東日本大震災以降も毎年のように全国各地で災害が発生し、また将来の巨大災害の発生が懸念される中、改めて災害対策標準化に向けて真剣に取り組んでいかなければならない。このことは、新型コロナウィルスによる全国的な感染拡大という危機に直面した現在、より一層重要性を増してきている。

標準化の実現とそのための課題解決にあたっては、海外での取り組みが大いに参考になる。その事例としてまず注目すべきが米国であろう。2001年の9.11同時多発テロを契機に、米国では国家インシデント・マネジメント・システム（NIMS）を導入して、官民を含む国家規模での危機管理の標準化が推進されてきた。NIMS に関しては、日本での標準化をめぐる議論の中で度々取り上げられ、インシデント・コマンド・システム（ICS)、情報通信の相互運用性、資源管理プロセス等に関して紹介がなされてきた。これまでわが国で参考にしてきた NIMS も、米国内で発生した大規模災害やインシデントを教訓に過去2回の更新がなされており、今回本書で取り扱っているものはその最新版にあたる。同文書の中で提示されているコンセプトや規格は、全米の危機管理に関するすべての政策文書や諸計画の基礎となっており、日本でも知られている国家対応フレームワーク（NRF）や2021年年9月に改訂された包括的準備ガイド（CPG）の文書にも反映されている。最新の NIMS では、過去2版の主要なコンセプトや原則等は継承しつつも、構成・内容に大きな変化がみられる。具体的には、多組織間調整がより重視されるようになり、これまで中核をなしていた ICS の位置づけが見直される一方で、緊急事態オペレーション・センター（EOC）に関する具体的な指針が提示されている。このような変化は、元来、多組織間調整・連携に主眼を置いて標準化を検討してきた日本の取り組みに大いに参考になるであろう。

また、本書の内容で特筆すべき点として、NIMS が単なる災害対策・危機管理のための施策ではなく、安全保障政策の一環として実施されていることを明示したことがあげられる。これまでの日本における NIMS の調査研究や議論は、わが国の防災・災害対策の標準化に資する実践的な情報を獲得することが主目的であった。また、国内の自然災害・重大事故を扱う災害対策と、外交・防衛を取り扱う安全保障は別の分野という理解が一般的といえる。実際、有事における国民の生命・身体・財産の保護等を目的として平成16年（2004年）に国民保護法が制定されており、自然災害・重大事故対策とは別の制度として運用されている。そのような事情もあり、わが国の議論では、NIMS が9.11同時多発テロ以降のテロ対策強化を目的とした国土安全保障政策として導入・推進されてきたことが必ずしも十分に考慮されてこなかった。それに対して、本書は、米国の NIMS とそれに基づく国内危機管理・災害対策の標準化を「安全保障」という視点から取り上げる極めて珍しいアプローチを採用している。それを通じて NIMS のありのままの姿を伝えることにより、なぜ災害対策には馴染みのない組織構造や用語が多用されているのか、あるいはなぜ分権的な連邦制を採用しているにもかかわらず全米規模で標準化が実現できたのかといった、これまで米国の危機管理・災害対策をめぐる議論で判然としなかった疑問に対する答が明示されている。このことは、学術面はもちろん、今後の政策・制度を検討する際に極めて重要である。

いまやわが国においても危機管理で扱う対象は自然災害にとどまらない。2020年から続く新型コロナウィルス感染症の全国的な蔓延と度重なる緊急事態宣言という不測の事態は、従来の危機管理体制に対して深刻な課題を突きつけている。さらに日本を取り巻く国際情勢の変化から大規模テロ、サイバー攻撃、ミサイル・核実験など人為的要因による国内での緊急事態の可能性についても懸念が高まっている。また、南海トラフ地震、首都直下地震、日本海溝・千島海溝地震、富士山噴火など国難級の大規模かつ広域災害の発生にも備えなければならない。

これらのことを踏まえると、今後はハザードの種類や規模の大小にとらわれない災害対策・危機管理体制を官民一体で整備していくことが求められる。わが国の危機管理体制は、災害対策基本法を土台に発展してきた。災害対策基本法制定から60年が経過する中で、各分野における縦割りの弊害も目立つようになってきており、政府による総合調整機能の抜本的見直しは急務である。このことは、国と自治体の関係にも当てはまることであり、それぞれの役割や権限を見直すと同時に、平時・有事を問わず効果的な連携・調整を可能にする仕組み作りを行わなければならない。

危機管理対応には不断の見直しと改善が不可欠である。これまでの災害や新型コロナウィルス感染症対応の事例が示すように、事態が発生してから連携・協力のための仕組み作りを検討していては間に合わない。また、既存の枠にとらわれない大胆な取り組みも必要である。先行事例である米国の All-hazards に基づく制度作りや NIMS による全国規模での標準化は、法制度・政治制度の違いがあるとはいえ、わが国が参考にすべき豊富な情報や知見を提示しているという点で極めて貴重である。これらを最大限活かして、改めて日本に相応しい危機管理・災害対策体制のあり方を再考すべきではないだろうか。

本書は、これまで断片的にしか伝わってこなかった米国の国内危機管理・災害対策制度を体系的に理解するための足がかりを提供してくれている。だからこそ、専門家や研究者のみならず、危機管理・災害対策に関心を持つあらゆる人々に是非一読していただき、現在そして将来のわが国の災害対策・危機管理の進展に役立てていただくことを強く念願する。

索　引

※資料編の NIMS における頻出語は、その定義や説明など重要な箇所のみ抽出している。
※資料編の NIMS における「Ⅵ. 用語集」（本書99〜111頁）の一部は省略している。
※資料編の NIMS における略語については「Ⅶ. 略語表」（本書111〜113頁）を参照。

あ　行

か　行

さ　行

ま 行

や 行

ら 行

編著者
伊藤　潤（いとう じゅん）
公益財団法人ひょうご震災記念21世紀研究機構 人と防災未来センター研究部研究員
名古屋大学大学院法学研究科博士後期課程修了。博士（法学）。
専門は安全保障論、危機管理論。
主要研究業績：「米国の国内危機管理における All-Hazards アプローチ—安全保障プログラムと災害対策を巡る葛藤」（武田康裕編著『論究 日本の危機管理体制：国民保護と防災をめぐる葛藤』、芙蓉書房出版、2020年）。「FEMA（連邦緊急事態管理庁）の創設：米国の All-Hazards コンセプトに基づく危機管理組織再編」（『国際安全保障』第45巻第1号、2017年6月）。『アメリカ合衆国連邦緊急事態管理庁（FEMA）記録オンライン・アーカイヴ』Unit 1「FEMA 創設: 民間防衛から All-Hazards Approach へ」（主編者、極東書店、2016年）など。

米国の国内危機管理システム
——NIMS の全容と解説——

2022年 3月26日　第１刷発行

編著者
伊藤　潤（いとう じゅん）

発行所
㈱芙蓉書房出版
（代表 平澤公裕）
〒113-0033東京都文京区本郷3-3-13
TEL 03-3813-4466　FAX 03-3813-4615
http://www.fuyoshobo.co.jp

印刷・製本／モリモト印刷

ISBN978-4-8295-0831-2